Max F. Perutz
Ging's ohne Forschung besser?

Bedlam, das Londoner Irrenhaus, im Jahre 1734. Stich von William Hogarth.

Ging's ohne Forschung besser?

Der Einfluß der Naturwissenschaften auf die Gesellschaft

Prof. Dr. Max F. Perutz
Medical Research Council Laboratory of Molecular Biology
Cambridge, England

20 Abbildungen und 5 Tabellen

PAPERBACK DER ZEITSCHRIFT
NATURWISSENSCHAFTLICHE RUNDSCHAU

WVG

Wissenschaftliche Verlagsgesellschaft mbH Stuttgart 1982

CIP-Kurztitelaufnahme der Deutschen Bibliothek

Perutz, Max F.:
Ging's ohne Forschung besser?: der Einfluß d. Naturwiss. auf d. Gesellschaft / Max F. Perutz. – Stuttgart: Wissenschaftliche Verlagsgesellschaft, 1982.
(Paperback der Zeitschrift Naturwissenschaftliche Rundschau)

ISBN 3-8047-0692-4

Printed in Germany
Satz und Druck: Druckhaus Münster, Stuttgart

Die Probleme des Hungers und der Armut, des Schmutzes und Analphabetentums, des Aberglaubens und der lähmenden alten Gebräuche, der Verschwendung riesiger Naturschätze in einem reichen Land voller hungernder Menschen, diese Probleme können nur durch wissenschaftliche Forschung gelöst werden. Wer kann es sich heutzutage leisten, nicht auf die Naturwissenschaften zu achten? Die Zukunft gehört ihr und denen, die sich mit ihr anfreunden.

Jawaharlal Nehru (1889-1964,
Erster Ministerpräsident des freien Indiens)

Proceedings of the National Institute of Sciences of India 27A, 564, (1961).

Inhaltsverzeichnis

Vorwort

Dieses Buch entstand aus dem Vortrag, den ich auf Einladung der Turiner Firma Schiaparelli im September 1980 in Venedig hielt. Man hatte mich gebeten, über den Einfluß meines Spezialgebietes, der Molekularbiologie, auf die Gesellschaft zu sprechen; aber ich fand, daß dieses Fach noch zu jung sei, um eine nennenswerte Wirkung ausgeübt zu haben. So schlug ich vor, den Einfluß der Naturwissenschaften allgemein auf die Gesellschaft zu erörtern und begann, mich mit der Literatur über die wesentlichsten Fragen betreffend Gesundheit, Nahrungsmittel- und Energieproduktion zu beschäftigen. Dabei kam ich zu unerwarteten, meinen bisherigen Ansichten und den in der Öffentlichkeit vertretenen Vorurteilen entgegengesetzten Schlüssen, die ich dann meinen (manchmal etwas schockierten) Gastgebern und dem Publikum im Dogenpalast erzählte. So bin ich vor allem der Firma Schiaparelli und ihrem Präsidenten, Signore Gollinelli, dankbar, daß sie mir die Anregung gaben, über diese wichtigen Fragen nachzulesen und nachzudenken.

Ferner danke ich auch den folgenden Kollegen für zur Verfügung gestelltes Material und Kritik meines Textes: Dr. Douglas Bell, Professor G. Biscontin, Mr. R. J. Bridle, Sir Hermann Bondi, Sir Arnold Burgen, Professor Sir John Butterfield, Professor Carlos Chagas, Professor L. Cattalini, Dr. R. J. Eden, Professor E. Gerhards, Sir William Henderson, Professor Sir Hans Kornberg, Dr. L. Luzzati, Dr. V. Ramalingaswami, Professor Sir Martin Ryle, Dr. M. S. Swaminathan, Professor Evamarie Sanders, Professor E. A. Wrigley und meiner Tochter Vivien Perutz.

Für die Genehmigung zur Reproduktion von Bildern und Tabellen danke ich: Her Majesty's Stationery Office (Abbildungen 1, 2, 13 und 14); Dr. M. S. Service und Academic Press (Abbildungen 3 und 4); Bundesverband der Pharmazeutischen Industrie (Abbildungen 5a und 9); Dr. D. R. Dwadkin, Dr. S. K. Brandel und Scientific American (Abbildungen 5b und 16); Dr. John Cairns und W. H. Freeman & Co. (Tabelle II und Abbildung 6); Dr. M. F. Steward und G. P. Thomas Publishers (Abbildungen 7 und 10); Dr. H. G. Grabovski, J. M. Vernon, l. G. Thomas und Journal of Law and Economics (Abbildung 8); Professor G. Biscontin, L. Cattalini und Chemistry in Britain (Abbildung 12); Dr. M. S. Swaminathan und World Meteorological Organisation (Abbildung 15); Dr. R. L. Brown und Science (Abbildung 17 und Tabellen III, IV und V); Dr. A. M. Anderson und Nature (Titelbild). Schließlich danke ich Dr. Roswitha Schmid für die sorgfältige Redaktion des Manuskriptes und der Fahnen.

Teile des hier gedruckten Textes erschienen auf deutsch in der „Zeit“, auf englisch in der Cambridge Review und im New Scientist, auf italienisch in Critica Marxista und auf französisch in Prospéctive et Santé.

Cambridge, England, im September 1982 Max F. Perutz

Der humanisierende Einfluß der Naturwissenschaften

Ist wissenschaftliche Forschung die edelste Tätigkeit des menschlichen Geistes, der ein nie versiegender Strom hilfreicher Entdeckungen entspringt, oder ist sie Teufelswerk, das uns zu zerstören droht? Hat sie die Qualität des Lebens beeinträchtigt?

Wir brauchen uns nur Großmutters Zeiten zu vergegenwärtigen, um einzusehen, welchen Nutzen Eva daraus gezogen hat, daß Adam vom Baum der Erkenntnis gegessen hatte. Erinnern wir uns an den Anfang von Anna Karenina: Bei den Oblonskis geht alles drunter und drüber, weil die Fürstin dahintergekommen ist, daß der Fürst ein Verhältnis mit ihrer französischen Gouvernante hat. Was trieb ihn in deren Arme? Dolli, die Fürstin, ist erst 33 Jahre alt, doch schon Mutter von sieben Kindern, fünf lebenden und zwei verstorbenen. Ihre Schwangerschaften ließen sie frühzeitig altern, sie zieht den Fürsten nicht mehr an!

Die Rolle der Frau erschöpfte sich in Kinderaufzucht und Haushaltsarbeit; sogar Frauen aus gutem Haus erhielten kaum eine Ausbildung. Mädchen der unteren Klassen, die mangels Aussteuer nicht zu verheiraten waren, fanden nur im Gesinde ein Unterkommen. In der National Gallery von Edinburgh hängt ein bezauberndes Bild von David aus der Zeit um 1500. Es stellt den heiligen Nikolaus dar, der heimlich eine Geldbörse in das Schlafzimmer der Töchter seines bankrotten Freundes legt, damit dieser die Mädchen verheiraten kann. Die frühen Zivilisationen waren von Männern beherrscht. Die Befreiung der Frauen wäre kaum gelungen, wenn nicht die Wissenschaft Familienplanung und Haushaltstechnik ermöglicht hätte.

Mehr noch: Alle alten Zivilisationen basierten auf der Sklaverei, und das galt nicht nur für das klassische Altertum, sondern auch noch für das Italien der Renaissance. Im Jahr 1395 schrieb Francesco Datini, Kaufmann in Prato, an seinen Partner in Genua: „Bitte kaufe mir ein kleines Sklavenmädchen, zwischen acht und zehn Jahre alt. Es soll aus einer gesunden Familie stammen und kräftig genug für harte Arbeit sein" – als hätte er ein Pferd kaufen wollen [1]. Noch im 18. Jahrhundert war das Gesinde kaum frei. Man denke bloß an Figaros Hochzeit: Figaro und Susanna konnten den Grafen Almaviva zwar überlisten, aber von Entkommen war keine Rede [2].

Die Naturwissenschaften haben die Gesellschaft auch auf viele andere Weise humanisiert, aber es dauerte sehr lange. Das Verbrennen von Hexen erreichte seinen Höhepunkt im 17. Jahrhundert, also noch zu Galileis und Newtons Zeiten, und es hörte erst im 18. Jahrhundert auf [3]. Im 18. und 19. Jahrhundert gab es in England mehr als 200 Vergehen, die mit dem Tode zu bestrafen waren. Ein Richter hatte eine Gruppe von Jungen zum Tode verurteilt, und ein Zeuge berichtet darüber: „Niemals habe ich Knaben so sehr weinen hören". Dr. Samuel Johnson, der als einer der gebildetsten Enzyklopädisten gefeiert wird, vergnügte sich an Sonntagen damit, zusammen mit seinen Freunden die angeketteten Geistesgestörten in Bedlam zu belachen (s. Abb. Seite 2). Sogar noch in meiner Jugend machte man Witze über Geisteskranke.

Was unsere Einstellung gegenüber Straffälligen und geistig Behinderten verändert hat, ist die Verbindung wissenschaftlicher Einsicht mit humanem Liberalismus, die zu Fragen führte wie: „Ist die Todesstrafe eine wirksame Abschreckung? Sind Wahnsinnige vom Teufel besessen? Welche Ursachen haben Geisteskrankheiten und Verbrechen?" Es gibt nur wenige Länder, die Grund dazu hätten, auf ihre Gefängnisse und Irrenanstalten stolz zu sein; aber die Wissenschaft verändert unsere Einstellung zu abnormen Verhaltensweisen von Menschen, ersetzt allmählich Grausamkeit, Vorurteile und Aberglaube durch Vernunft. Diese nur langsam gewachsene Geisteshaltung muß jeder Generation von neuem gepredigt werden; anderenfalls rasen nur ihre Körper im Jettempo vorwärts, während ihr Geist ins Mittelalter zurückfällt.

Die Menschen können sich schnell an die Errungenschaften der Wissenschaft gewöhnen, ohne sich jedoch um ihre Einsichten zu kümmern. Noch vor zwei Jahren glaubten einige Kollegen in meinem Cambridger College, daß der löffelbiegende Zauberkünstler Uri Geller die Gesetze der Physik außer Kraft zu setzen vermöge. Was nun das gewöhnliche Volk betrifft, sind die Lehren der Priester, der Politiker und der Wissenschaftler höchst unterschiedlich. Der Priester überredet die einfachen Leute, ihr schweres Los zu ertragen, der Politiker fordert sie auf, dagegen zu rebellieren und der Wissenschaftler überlegt, wie er das schwere Los aus der Welt schaffen kann. Die Wissenschaft hat dadurch das Reich der Freiheit, von dem Marx sagt, es beginne dort, wo die Fron ende, Wirklichkeit werden lassen.

In einigen Ländern, vor allem in Skandinavien, Österreich und Neuseeland, sind die krassen Gegensätze zwischen arm und reich verschwunden; hier ist man dem christlichen Ideal von der Gleichheit der Menschen zumindest nahe gekommen. In diesen Nationen hat die Wissenschaft Marx' Diktum, wonach wir mehr Freiheit nur erkaufen können, wenn wir andere versklaven, widerlegt. Da gibt es keine herrschende Klasse mehr, die gezwungen wäre, die Beherrschten zu unterdrücken oder zu bekämpfen, und die politische Macht ist nicht mehr „die organisierte Macht einer Klasse über die andere". Hier herrscht weder eine Diktatur der Bourgeosie noch eine des Proletariats, denn hier haben Wissenschaft und demokratischer Sozialismus den Lebensstandard der breiten Massen auf eine Höhe gebracht, von der zu Marx' Zeiten nicht einmal die Bourgeoisie zu träumen wagte.

Und doch glauben viele, die Naturwissenschaften hätten das einfach glückliche Landleben der Vergangenheit verdorben. Woher kommt diese Sage? Schon klassische Dichter zauberten ihren Lesern ein ländliches Arkadien vor. Im 18. Jahrhundert ergötzte sich der Adel an Bouchers süßlichen Hirtenszenen und an Marie Antoinettes Bauernhof, obwohl das Elend der Bauern jedem bekannt war; aber im 19. Jahrhundert nahmen Tausende, die auf dem Land ein körperlich und moralisch gesundes Leben suchten, die Sage ernst. Ihre heutigen Nachfolger sind diejenigen, die sich dem „biologischen Anbau" zuwenden, in Reformhäusern kaufen und in ihren mit Zirbelholz möblierten Vorstadtwohnungen Dirndl und Lederhosen tragen. Könnte die heute so weit verbreitete Abneigung gegen die Naturwissenschaften dem Verlangen nach Flucht in eine griechische Sage entstammen? Die Abneigung wird von Verschrobenen angefacht und von in Verdrehung der Wahrheit gewandten Publizisten ausgenützt.

Ein anderes, oft vorgebrachtes Argument ist, daß wir schon das Beste von den Naturwissenschaften genossen hätten und daß man daher der Forschung Einhalt tun sollte, um schädliche Auswüchse zu verhindern. In China, bei der sogenannten Kulturrevolution, ist man weitergegangen und versuchte, die Kurbel des Fortschritts zurückzudrehen. Wissenschaftler wurden an den Pflug gespannt, Forschungsinstitute geschlossen oder durch dauernde Diskussion über ihre politischen Ziele gelähmt. Wissenschaftlern wurde befohlen, sich ihrer narzißtischen Gewohnheiten zu entledigen, ihre Arbeiten anonym zu veröffentlichen und ihren Erfolg ausschließlich der weisen Führung von Mao zuzuschreiben. Was war das Ergebnis? Führte die Kulturrevolution das Volk zu Rousseaus Ideal zurück, dem Ideal so vieler junger Leute im heutigen Westen, zu einer Gesellschaft edler, mit der Natur harmonisch vereinter Menschen? Im Gegenteil, sie brachte das Land an den Rand des wirtschaftlichen Zusammenbruchs, weil es ohne Naturwissenschaften heute nicht mehr möglich ist, ein großes Volk zu ernähren, zu kleiden, gesund zu erhalten und vor fremdem Einfall zu schützen. Deshalb können wir die Naturwissenschaften nicht wegwünschen, sondern müssen sie bestmöglich ausnützen. Dabei stoßen wir aber auf ein schwieriges Dilemma.

Herausforderungen an die Naturwissenschaften

Auch die Wissenschaft fordert ihren Preis. Die meisten technischen Fortschritte unterstehen einem Gesetz, mit dessen Hilfe Niels Bohr zu erklären suchte, daß Wellen und Partikel nur verschiedene Aspekte der Materie sind: dem Gesetz der Komplementarität. Nach diesem Gesetz sind Segen und Risiko komplementäre Aspekte jeder technischen Errungenschaft. Die Gesellschaft hat sie abzuwägen, und das erfordert oft quälende Überlegungen, bei denen weder moralische Werte noch wissenschaftliche Fakten zu eindeutigen Entscheidungen führen.

Zum Beispiel verpflichtet uns die Zivilisation, jedem Menschen das Recht auf ein hinreichend langes, gesundes und von Hunger freies Leben zu gewähren. Doch schon die ersten Ansätze zur Erfüllung dieser Pflicht haben ein explosionsartiges Bevölkerungswachstum hervorgerufen, das just diese Forderung unerfüllbar macht. Hieraus ergibt sich die erste Herausforderung an die Wissenschaft.

Wer Sklaven durch Maschinen ersetzt, benötigt Energie, und deren ständig wachsender Verbrauch droht das zivilisierte Leben zu zerstören, das doch gerade damit aufrechterhalten werden sollte. Das ist die zweite Herausforderung an die Wissenschaft.

Die zivilisierte Gesellschaft kann nur im nationalen und internationalem Frieden überleben, doch die Wissenschaft gibt ihr immer kompliziertere, immer teurere und wirksamere Möglichkeiten, sich selbst zu zerstören. Daraus resultiert die dritte Herausforderung.

Die drei Herausforderungen sind miteinander verquickt; aber wir wollen sie nacheinander betrachten.

Wissenschaft und Nahrungsmittelproduktion

Jonathan Swift schrieb über den König von Brobdingnag: „Er erklärte, wer zwei Maiskolben oder zwei Grashalme auf einem Stück Boden wachsen lassen könne, wo bisher nur einer gewachsen sei, würde mehr für die Menschheit tun und seinem Land einen größeren Dienst erweisen als alle Politiker miteinander" [4]. Ich habe aber kein Denkmal für Norman Borlaug gesehen, den Amerikaner, der den Weizenertrag vervielfachte, kein Denkmal für George Douglas Bell, den Engländer, der die hochertragreiche Gerste gezüchtet hat. Ihre Namen sind in der Öffentlichkeit unbekannt geblieben, denn nur die *Nachteile* der hochtragenden Getreide werden publiziert. Die Wissenschaft hat die Landwirtschaft revolutioniert, so daß sich die Weltgetreideproduktion von 1950 bis 1970 verdoppelte; aber kann sie fortfahren, die wachsende Weltbevölkerung zu ernähren, ohne dabei die Umwelt in unerträglichem Ausmaß zu zerstören?

Als Antwort zwei Beispiele, eines aus einer Industrienation, Großbritannien, das andere aus einem Entwicklungsland, Indien. In Großbritannien ist die landwirtschaftliche Produktivität dank der Zusammenarbeit von Genetik, Chemie und Technik eindrucksvoll gestiegen. Um 1930 deckte hier die Landwirtschaft ein Drittel des Nahrungsbedarfs der Bewohner; heute versorgt sie mit weniger Arbeitskräften und kleinerer Anbaufläche die Hälfte einer wesentlich besser ernährten, größeren Bevölkerung. Darüber hinaus exportiert Großbritannien jetzt landwirtschaftliche Güter im Wert von drei Milliarden Dollar. Noch immer wächst der Weizenertrag pro Hektar um ungefähr zwei Prozent im Jahr. Eine Kuh gibt heute fast doppelt soviel Milch pro Tag wie ihre Urgroßmutter 1946, obwohl diese noch auf einer größeren Weidefläche grasen

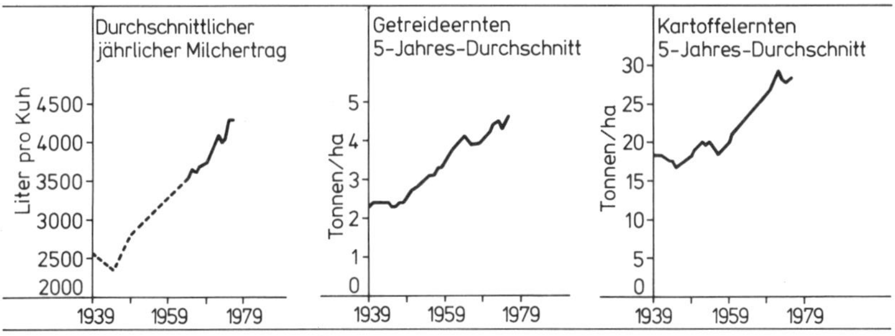

Abb. 1. Landwirtschaftliche Erträge in Großbritannien. [5].

konnte (Abb. 1). Die Produktivität ließe sich noch höher schrauben. Denn selbst heutzutage wird durchschnittlich von einem Acker allenfalls die Hälfte von dem geerntet, was ein guter Landwirt aus ihm herausholen könnte, und das ist immer noch weniger als der Ertrag eines wissenschaftlichen Versuchsfeldes [5].

In den ersten zehn Jahren nach dem Krieg sah es so aus, als steuere Indien einer malthusischen Katastrophe zu. Bislang aber blieb das Land davon verschont. Obwohl seine Bevölkerung um 70 Prozent auf fast 700 Millionen angewachsen ist, nahm die Pro-Kopf-Verfügbarkeit von Nahrungsgetreide von 134 Kilogramm in den Jahren 1950-51 auf 180 Kilogramm in 1975-76 zu. Die Einführung ertragreicher Arten, verbesserter Bewässerung und der Kunstdüngung steigerte den Weizenertrag in Nordwest-Indien innerhalb von drei Jahren um 50 Prozent. Heute produziert das Land genug Getreide für seine Bevölkerung und kann überdies Reserven für Trocken- oder Flutkatastrophen anlegen. Indien war in der Lage, Getreide zur Bekämpfung der Hungersnot an Kampuchea (Kambodscha) zu liefern. Die wachsenden Getreide-Erträge haben nicht etwa zur Erschöpfung der Böden geführt. Im Gegenteil, ihre Qualität wurde durch die gleichzeitige Anreicherung mit Nährstoffen sogar verbessert [6, 7].

Warum aber sind Millionen Inder unterernährt? Weil sie zu arm sind, die Nahrungsmittel zu kaufen, die für sie bereitstehen. Die Armut könnte nur gelindert werden, wenn mehr Arbeitsplätze geschaffen würden, doch diese Notwendigkeit gerät in Konflikt mit der weiterhin unerläßlichen Produktionssteigerung in der Landwirtschaft. Dies ist nicht nur in Indien das Hauptproblem, es betrifft ebenso Italien und viele Länder der Dritten Welt.

Die meisten indischen Bauernhöfe sind kleiner als ein halber Hektar. Für die Ertragssteigerung wäre eine Zusammenlegung zu größeren Betrieben zu empfehlen, doch hätte dies eine Steigerung der Arbeitslosigkeit auf dem Land und eine Abwanderung in die schon mit Arbeitslosen übervölkerten Städte zur Folge. Das Landwirtschaftsministerium versucht aus diesem Grund, die Produktivität der kleinen Betriebe mit Hilfe von landesweiten Demonstrationskursen und Unterstützungsprogrammen zu steigern. Zum Beispiel werden virusfreie Saatkartoffeln und Samen für hochertragreiche Feldfruchtsorten verteilt.

Es wird oft behauptet, daß hochertragreiche Arten in Entwicklungsländern nutzlos sind, weil sie gut gedüngten Boden brauchen und zu empfindlich für örtliche Schädlinge sind. In Wirklichkeit tragen sie sogar auf schlechtem Boden ein günstigeres Verhältnis eßbarer Stärke zu nicht eßbarer Zellulose; ihre Schädlingsempfindlichkeit kann durch Kreuzung mit lokalgezüchteten, schädlingsresistenteren Arten vermindert werden. Es stimmt aber, daß diese Arten die reichen Großbauern begünstigen.

Wie aber sieht die Zukunft aus? Die wissenschaftlichen Methoden, dank derer die Nahrungsproduktion intensiviert werden kann, um eine sich in zwanzig Jahren verdoppelnde Bevölkerung zu ernähren, sind in Indien bekannt. Aber werden sie auch angewandt ? M. S. Swaminathan, der Architekt der modernen Agrarwirtschaftsplanung, schreibt: „Das Hauptziel ist, eine soziale Zusammenarbeit zu erreichen und die erforderliche Mischung aus politischem Willen und technischem Wissen herzustellen, um die landwirtschaftlichen Errungenschaften in eine für die Menschen sinnvolle Bereicherung umzumünzen". Swaminathan zeigt, daß die Nutzung des Bodens nicht nach einem einzigen grandiosen Plan gesteigert werden kann, sondern der intelligenten, wissenschaftlichen Behandlung von tausend wichtigen Details bedarf. Freilich kann ein exponentielles Bevölkerungswachstum nicht bis in alle Ewigkeit von landwirtschaftlicher Produktivitätssteigerung aufgefangen werden [7].

Weltweit betrachtet sieht die nahe Zukunft wesentlich düsterer aus als in Indien. Voraussagen über Bevölkerungszahlen, Pro-Kopf-Einkommen und Nahrungsbedarf einerseits und über die auf dem Markt verfügbaren Nahrungsmittel auf der anderen Seite lassen für das Jahr 1985 ein mögliches Defizit von etwa 45 Millionen Tonnen Getreide erkennen; das entspricht der Hälfte des gegenwärtigen Überschusses der Vereinigten Staaten. In vielen Ländern tut sich diese Lücke nicht etwa wegen unzureichender Möglichkeiten auf, sondern aus Gründen, die mit Geldmangel, Unwissen, schlechter Politik und miserabler Organisation zusammenhängen, also aus prinzipiell vermeidbaren Gründen [8].

Kunstdünger

Welche Risiken ergeben sich aus der landwirtschaftlichen Produktionssteigerung? Als ich mich mit diesem Thema zu beschäftigen begann, glaubte ich, sie werde ausschließlich mit einer Umweltbelastung durch die Agrochemikalien erkauft. Also beschäftigte ich mich mit Daten darüber, insbesondere denen, die von der British Royal Commission on Environmental Pollution zusammengestellt worden sind. Der Kommission gehörten fünf Naturwissenschaftler, zwei Mediziner, ein Ingenieur und sieben Nichtwissenschaftler an, darunter ein Gewerkschaftler, alles Leute, die weder die Interessen der Agrarwirtschaft noch die von Chemiekonzernen vertreten [5]. Aus deren Report und anderer Literatur habe ich dies gelernt: In Großbritannien hat sich während der letzten fünfzig Jahre die Menge der Phosphate, die mit Düngemitteln auf die Felder gebracht wird, verdreifacht, die des Kaliums verzehnfacht und die des Stickstoffs verdreißigfacht. Der Phosphatverbrauch der Welt steigt über 6% jährlich, aber es besteht keine Gefahr der Erschöpfung, da mehrere Länder enorme Reserven von phosphathaltigen Felsen besitzen; die reichsten befinden sich in Marokko. [40] Stickstoffdünger werden aus der Luft gemacht, was nur Energie benötigt. Auch an Kaliumreserven fehlt es nicht. Es besteht also keine Gefahr, daß die Kunstdünger ausgehen, solange wir über genügend Energie verfügen.

Phosphate und Kalium sind harmlos, aber die intensive Verwendung des Stickstoffs kann die Konzentration der Nitrate im Trinkwasser über den von der Weltgesundheitsorganisation (WHO) als unbedenklich erklärten Wert von 50 Milligramm pro Liter steigern. Die WHO befürchtet, daß höhere Konzentrationen ein vermehrtes Auftreten der infantilen Methämoglobinämie zur Folge haben und bei Erwachsenen möglicherweise Krebs im Magen-Darm-Trakt hervorrufen könne. Tatsächlich ist in einigen Gegenden Großbritanniens die Nitratkonzentration auf über 100 mg/l gestiegen; bislang aber ist dort weder die Methämoglobinämie bei Kindern noch vermehrt Magen- oder Darmkrebs aufgetreten. Man mag einwenden, daß immerhin zwanzig Jahre vergehen können, ehe eine erhöhte Krebshäufigkeit erkennbar wird; dem aber ist entgegenzuhalten, daß in diesen Gegenden der Gehalt an Nitraten im Trinkwasser schon seit Jahren zunimmt, während der Magen-Darmkrebs ständig abnimmt, und daß ausgerechnet in dem Gebiet mit der höchsten Nitratkonzentration in England der Magen-Darmkrebs am seltensten auftritt. Man beobachtet die Situation weiter; und für den Fall, daß die Nitratkonzentration noch weiter zunimmt, empfiehlt die Royal Commission, die Nitrate aus dem Trinkwasser zu entfernen, also nicht etwa, die Kunstdünger-Anwendung einzuschränken. Neuerdings hat man auch Nitratdünger in Form langsam löslicher Körner erzeugt, um zu erwirken, daß nur die zeitweise von der Pflanze benötigte Menge in den Boden dringt und möglichst wenig überschüssiges Nitrat im Regenwasser abläuft.

Manche Naturfreunde fordern, an Stelle des Kunstdüngers wieder den Tierdung zu verwenden, den sie für ungefährlich halten. Auch meinen sie, die damit gedüngte „organische“ Nahrung sei besonders gesund.

Aber dafür, daß Tierexkremente sauberer seien als Ammoniak, gibt es keinen wissenschaftlichen Nachweis. Davon abgesehen gäbe es in Großbritannien nicht genug Jauche und andere organische Düngemittel, um damit ausreichende landwirtschaftliche Erträge zu sichern. Hülsenfrüchte (Leguminosen) benötigen keine Stickstoffdüngung, weil Bakterien in den Wurzelknöllchen den Stickstoff aus der Luft binden und verfügbar machen. Auch manche andere Pflanzen besitzen diese Fähigkeit. Gelänge es, solche Stickstoff-bindende Bakterien zu finden, die mit Graswurzeln in Symbiose zu leben vermögen, könnten wir auf den Stickstoffdünger verzichten oder jedenfalls seinen Verbrauch einschränken. Agrarforschungsinstitute versuchen seit Jahren, in Symbiose mit Stickstoffbindenden Bakterien lebenden Weizen, Sorghum und Hirse zu züchten, und sie haben schon recht vielversprechende Resultate erzielt. Man hofft aber, dieses Problem jetzt mit Hilfe der Gentechnik zu lösen.

Schädlingsbekämpfung

Nutzpflanzen werden von Viren infiziert, die Insekten über die Felder verbreiten, sie werden von Pilzen und Würmern befallen und müssen mit allerlei Unkraut konkurrieren. In der modernen Agrarwirtschaft werden diese Pflanzenschädlinge mit Chemikalien bekämpft. Sie sind für die Ertragssicherung so wichtig wie der Kunstdünger, aber in der Öffentlichkeit löst ihre Anwendung Sorge aus (Abb. 2). Die Pflanzenschutzmittel hat vor allem das DDT in Verruf gebracht, weil es sich in bestimmten Nahrungsketten zu einer Konzentration ansammelte, der schließlich Vögel und Säugetiere zum Opfer fielen, und weil es zu einer langlebigen Umweltverschmutzung beigetragen hat. Doch für uns ist DDT nicht giftiger als Aspirin, und Menschen sind daran nur gestorben, wenn sie es an Stelle von Mehl verspeist hatten. DDT hat nicht nur Nutzpflanzen vor Virusbefall bewahrt, es hat die Pest und den Typhus nahezu ausgerottet und große Teile der Welt von der Malaria befreit.

Malaria ist in vielen Gegenden Italiens endemisch gewesen; sie nahm dort während des Zweiten Weltkriegs katastrophale Formen an; 1946-47 wurden 400 000 Malariatote pro Jahr registriert, eine Mortalität von 40 auf 1000 Einwohner. Nach einer intensiven DDT-Kampagne ist seit 1952 kein einziger Fall von im Lande übertragener Malaria mehr ermittelt worden (Abb. 3).

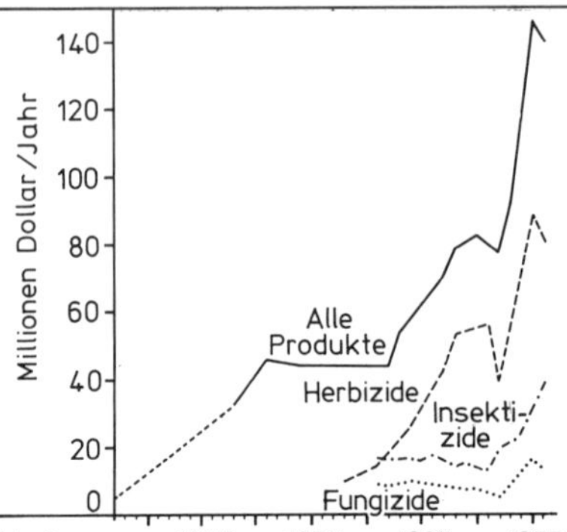

Abb. 2

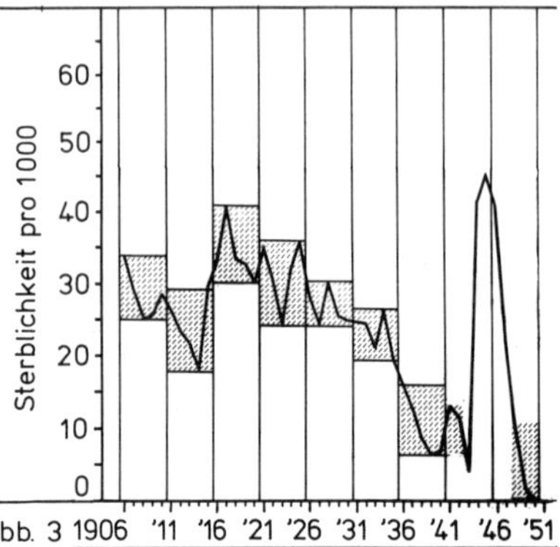

Abb. 3

Abb. 2. Anstieg des Verbrauchs von Schädlings- und Unkrautbekämpfungsmitteln in Großbritannien [5].

Abb. 3. Sterblichkeit infolge Malaria in Italien pro 1000 gefährdete Einwohner, 1906 bis 1951 [9].

Im Jahr 1946 gab es in Sri Lanka (Ceylon) noch 2,8 Millionen Malariaerkrankungen, aber nach einer wirksamen DDT-Sprayaktion wurden 1961 nur noch 110 Fälle gemeldet. 1964 waren es 150; in jenem Jahr wurde die Aktion gestoppt – vier Jahre später gab es schon wieder 440 644 Malariafälle, und im Jahr 1970 war die Anzahl auf 1,5 Millionen Neuerkrankungen angewachsen. Ähnliches spielte sich in Indien ab, nur in noch größerem Maßstab. Umweltfreunde müssen solche Zahlen gegen das Dünnerwerden der Eierschalen von Wildvögeln abwägen. DDT hat vermutlich mehr Leben gerettet als alle Antibiotika zusammengenommen [9] (Abb. 4).

Es wird befürchtet, daß sich das im Meer befindliche DDT im Phytoplankton anreichern und so in die Nahrungsketten gelangen könnte. Tatsächlich hat die DDT-Konzentration hier nicht einmal ein Tausendstel des noch für unschädlich gehaltenen Wertes erreicht, außerdem verringert sie sich seit Jahren [5, 10].

Nach wie vor ist DDT das billigste Mittel gegen Malaria, aber leider hat die zunehmende Selektion DDT-resistenter Mücken seine Wirkungskraft beeinträchtigt. DDT und andere Organochloride werden in Großbritannien nicht mehr zur Schädlingsvertilgung empfohlen und werden auch nicht mehr hergestellt. Sie sind jetzt weitgehend durch Organophosphate und Carbamate ersetzt worden. Diese können sich nicht in Nahrungsketten ansammeln, weil sie im Boden rasch abgebaut werden.

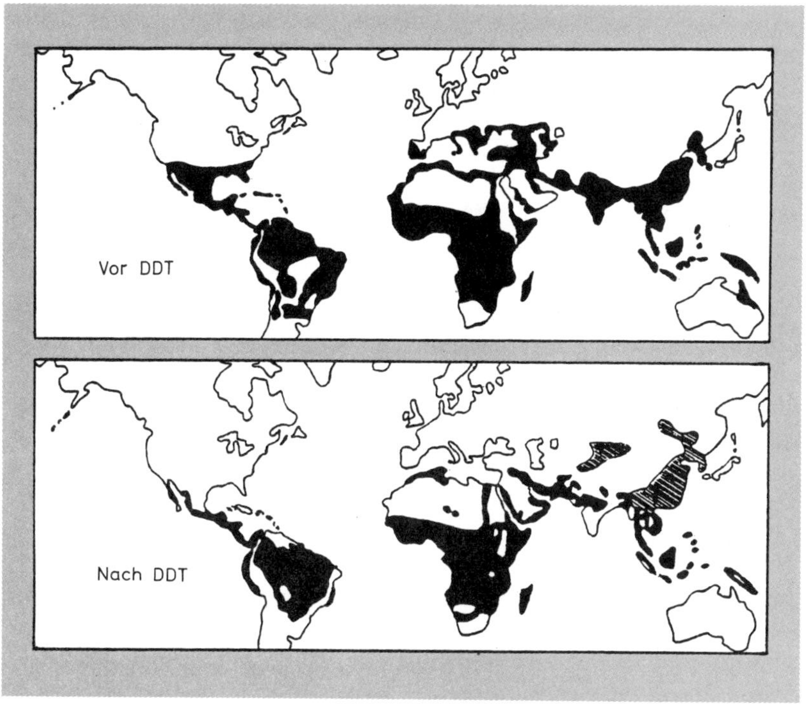

Abb. 4. Ausmerzung von Malaria durch Versprühen von DDT [9].

Allerdings sind einige dieser Chemikalien sehr giftig und müssen deshalb mit Vorsicht gehandhabt werden. Die offiziellen britischen Regeln haben aber keine Gesetzeskraft, was zur Folge hat, daß englische Bauern, denen das Naturleben gleichgültig ist, importierte Organochloride verwenden, weil sie billiger als die Organophosphate und Karbamate sind. In Deutschland ist der Gebrauch von Organochloriden verboten.

Die Unkrautvernichter verdanken ihren schlechten Ruf der 2, 4, 5-trichlorphenoxyessigsäure (2, 4, 5-T), die von den Amerikanern als Entlaubungsmittel in Vietnam versprüht wurde – freilich in viel stärkerer Konzentration als sie in der Landwirtschaft angewendet wird. Diese Sprühmittel enthielten eine giftige Verunreinigung, das Digoxin, das die Katastrophe in Seveso verursacht hat [41]. Die meisten Herbizide, die heute in der Agrarwirtschaft angewandt werden, sammeln sich nicht an, weil sie von Bakterien im Boden zersetzt werden; mithin geraten sie nicht in die Nahrungsmittel. Man achtet auch darauf, daß sie für Tiere unschädlich sind; doch es ist vorgekommen, daß Unkrautvertilgungsmittel, die sich für Labortiere als harmlos erwiesen haben, bestimmten Wildarten unerwartet zum Verhängnis wurden. Herbizide können, wenn sie nicht mit der gebotenen Umsicht behandelt werden, für die Anwender gefährlich sein. Kinder, die diese Chemikalien getrunken haben und Erwachsene, die leichtsinnig mit ihnen umgegangen waren, sind daran gestorben. Zwei amerikanische Journalisten berichten, daß chemische Firmen große Mengen von Pestiziden, deren Gebrauch wegen ihrer Giftigkeit in den Vereinigten Staaten verboten ist, in Länder der Dritten Welt exportieren und dort ohne für die Lokaleinwohner verständliche Warnungen verkaufen. Dadurch würden unter den Landarbeitern viele, oft tödliche Vergiftungen hervorgerufen. Mit giftigen Pestiziden behandelte Nahrungsmittel würden dann in westliche Länder ohne Prüfung ihres Giftgehaltes exportiert. Es war mir nicht möglich, diese Anschuldigungen aus unabhängigen Quellen zu überprüfen, aber sie schienen gut dokumentiert zu sein [42].

Die Gefahr der Ausrottung vieler Tierarten durch Pestizide, vor der Rachel Carson so dramatisch in ihrem Bestseller „Silent Spring" (deutscher Titel: „Der stumme Frühling") gewarnt hat, wird mehr und mehr gebannt. In Großbritannien zum Beispiel kommt die größte Gefahr für die wilde Natur nicht von Herbiziden, sondern von staatlichen Subventionen, die die Bauern dazu anregen, immer mehr von dem Land zu pflügen, auf dem die wilden Arten leben. Wiesen, auf denen wilde Blumen blühten, werden mit Roggengras angesät, Hecken und Bäume, in denen Vögel nisteten, werden gefällt, und Stoppelfelder werden nach der Ernte verbrannt, mit allen Kreaturen, die darin leben. Für die Menschen liegen die wirklichen Risiken nicht so sehr in der Umweltvergiftung als in der Selektion und dem Überhandnehmen resistenter Insekten- und Pilzarten, denen Pestizide nichts mehr anhaben können. Forscher versuchen mit diesem Resistenz-Problem fertigzuwerden, indem sie immer wieder neue Schädlingsbekämpfungsmittel herstellen, aber das hat sicher Grenzen. Im Jahr 1956 führte die Synthese von 1800 Chemikalien zu *einem* kommerziellen Pestizid; 1967 war das Verhältnis 5000 zu 1, und 1976 war es auf 10000 zu 1 angewachsen! Wenn endlich ein vielversprechender Stoff gefunden worden ist, muß er jahrelang auf mögliche schädliche Nebenwirkungen geprüft werden. Neben toxikologischen Untersuchungen wird die Substanz an Säugetiere, Vögel, Fische und Bienen verfüttert, ihre Wirkung in Kulturen aus allerlei Mikroorganismen der Erde und des Wassers beobachtet, schließlich im Freiland und in staatlichen landwirtschaftlichen Versuchsstationen erprobt. Die ermittelten Daten erhält dann die Behörde zur Prüfung und Registrierung. All dies führt zu Gesamtkosten von 30 Millionen Dollar und einem Zeitaufwand von sechs bis sieben Jahren für die Entwicklung eines neuen Pestizids bis zur Marktreife. So große Investitionen lohnen sich nur für Massenprodukte. Sie sind untragbar für die Entwicklung einer Auswahl spezifisch wirksamer Mittel, mit denen in niedriger Konzentration bestimmte Schädlinge ausgemerzt werden können, ohne daß dabei auch ihre natürlichen Feinde und andere Tiere gefährdet werden. Die populäre Forderung nach absoluter Sicherheit würde sich also im Endeffekt gegen das eigene Ziel richten.

Welche Alternativen stehen uns zu Gebote? Wahrscheinlich werden bald biologische Methoden stärker zur Schädlingsbekämpfung eingesetzt. Zum Beispiel lassen sich sterile männliche Insekten, die sich erfolglos paaren, züchten und verbreiten, oder Viren produzieren die selektiv Insekten infizieren. Man züchtet jetzt auch schon Nützlinge, die auf Feldern ausgesetzt werden, um dort die Schädlinge zu verzehren. Bei einigen Nutzpflanzen ist es bereits gelungen, gegen Schädlinge resistente Arten zu züchten. In mehreren Ländern sind auch schon Vergleichsversuche im Gange, die darauf zielen, durch Auswahl schädlingsresistenter Arten, durch geeignete Fruchtfolge, durch Mischung von Ackerbau und Viehzucht und Gebrauch von Kompost und Tierdung die Menge der notwendigen Chemikalien zumindest zu reduzieren und trotzdem Erträge zu erzielen, die kaum unter denen der chemischen Landwirtschaft liegen. Solche Versuche sind wertvoll, nicht etwa weil wir von den Chemikalien vergiftet werden (das sind Märchen), sondern weil, wie schon gesagt, die Schädlinge immer resistenter werden und die für sie und die Kunstdünger erforderlichen Rohstoffe immer teurer. Es wird aber noch einige Jahre dauern, bis diese Versuche verläßliche Resultate bringen.

Es ist auch vorgeschlagen worden, Pestizide in einer Konzentration anzuwenden, die so bemessen ist, daß ein Teil der ursprünglichen Schädlingspopulation erhalten bleibt. So ein Wildtyp nämlich ist in der Regel überlebensfähiger als die pestizidresistenten Varianten, die darum während einer Periode ohne Pestizidanwendung verdrängt werden. Nach dieser Pause kann dann das gleiche Bekämpfungsmittel erneut angewendet werden, um die Population wieder auf das tragbare Maß zu verringern.

Würde heute in Großbritannien die Verwendung von Pflanzenschutzmitteln unterbunden, so verringerte sich wahrscheinlich der Getreideertrag im ersten Jahr um 24 Prozent, hauptsächlich wegen des Schädlingsbefalls, und im zweiten Jahr um 45 Prozent, hauptsächlich des Unkrauts wegen [5]. Sowohl die *potato famine* im vorigen Jahrhundert (die durch Kartoffel-Mißernten entstandene Hungersnot in Irland) als auch die entsetzliche Hungerkatastrophe der dreißiger Jahre in Bengalen waren auf Pilzbefall der Pflanzen zurückzuführen. Mit „biologischem Anbau“ ohne Fungizide könnten wir eine Wiederholung dieser Katastrophen kaum verhindern. Pilze, die pflanzliche Nahrungsmittel befallen, nachdem sie geerntet worden sind, produzieren die gefährlichste aller bekannten krebserzeugenden Substanzen, das Aflatoxin; es ist für den Leberkrebs verantwortlich, der besonders häufig in tropischen Gegenden vorkommt, in denen die Trockenlagerung des Getreides unbekannt ist. Krebs wird hier also verursacht, nicht, wie viele sich einbilden, durch Pestizide, sondern durch die Schädlinge selbst.

Während Millionen Menschen hungern, fällt heute noch die Hälfte der weltweiten Agrarproduktion den Schädlingen zum Opfer; in einigen Ländern ist der Verlust weit höher [12]. Ihre Bekämpfung muß darum wesentlich intensiviert werden, und das ist in vielen Fällen mit verhältnismäßig geringen Mengen selektiv wirkender Pestizide erreichbar.

Ich habe mich davon überzeugt, daß meine ursprüngliche Einschätzung der Gefahren, die von der Umweltbelastung mit Agrochemikalien ausgehen, von Leuten inspiriert war, die deren schädliche Aspekte laut publizieren, jedoch deren segensreichen Wirkungen verschweigen. Tatsächlich sind diese Substanzen, sofern sie mit Sorgfalt behandelt und vernünftig angewendet werden, für Mensch und Tier unschädlich, und sie haben die landwirtschaftlichen Erträge, von denen unser Leben abhängt, vervielfacht. Wirkliche Sorge macht das Zunehmen der Resistenz gegen Schädlingsbekämpfungsmittel, der riesige Energieverbrauch und die dauernd steigenden Kosten der modernen Landwirtschaft. In den Vereinigten Staaten bedarf es 10 Kalorien von Energie, um eine Kalorie Nahrungsmittel zu erzeugen. Ein zukünftiger Energiemangel wird deshalb auch einen Nahrungsmittelmangel mit sich bringen.

Wissenschaft und Gesundheit

Man spricht oft von den guten alten Zeiten, ohne Hast, Lärm, Benzingestank und Umweltverschmutzung, vergißt aber die viel größere Gefahr des frühzeitigen Todes, die unsere Vorfahren bedrückte und in Religion

Tab. I. „Die guten alten Zeiten“: Todesalter und Ursache berühmter Männer und Frauen der Vergangenheit.

Person	Beruf	Geburtsjahr	Todesalter	Ursache
Masaccio	Maler	1401	27	Pest
Giorgione	Maler	1477	33	Pest
Raffael	Maler	1483	37	Plötzliches Fieber
W. A. Mozart	Komponist	1756	35	Hitziges Frieselfieber
P. B. Shelley	Dichter	1792	30	Tuberkulose
John Keats	Dichter	1795	36	Tuberkulose
Heinrich Heine	Dichter	1797	59	Tuberkulose
Franz Schubert	Komponist	1797	31	Typhus
Robert Schumann	Komponist	1810	39	Syphilis
Frederic Chopin	Komponist	1810	39	Syphilis
Emily Brontë	Schriftstellerin	1818	22	Tuberkulose
Ann Brontë	Schriftstellerin	1820	29	Tuberkulose
Charles Baudelaire	Schriftsteller	1821	46	Syphilis
Friedrich Nietzsche	Dichter, Philos.	1844	56	Syphilis
Paul Gauguin	Maler	1848	55	Syphilis
Guy de Maupassant	Schriftsteller	1850	43	Syphilis
Georges Seurat	Maler	1859	31	Halsentzündung
Hugo Wolf	Komponist	1860	43	Syphilis
D. H. Lawrence	Schriftsteller	1885	45	Tuberkulose
George Orwell	Schriftsteller	1903	47	Tuberkulose

und Dichtung ihren Ausdruck fand. Die Tabelle I zeigt, wie viele Künstler und Schriftsteller der Vergangenheit im besten Alter ihrer Schöpfung durch ansteckende Krankheiten dahingerafft wurden. Masaccio, der Pionier der Renaissance-Malerei, starb schon mit 27 Jahren, Mozart mit 35 Jahren, kurz nach Vollendung der Zauberflöte, Schubert mit 31 Jahren, als seine Musik die Tiefe und Vollkommenheit Beethovens erreicht hatte. Es ist unerdenklich, wie viele Schöpfungen der Menschheit durch Krankheiten verloren gingen, die man heute verhüten oder heilen kann. Natürlich starben nicht alle großen Männer vorzeitig: Leonardo wurde 67, Tizian 87, Galilei 78 und Newton 74; aber die Wahrscheinlichkeit des frühzeitigen Todes war viel höher.

In den entwickelten Ländern hat die Verbesserung der Volksgesundheit in den letzten 50 Jahren die Erwartungen der kühnsten Träumer übertroffen (Abb. 5). Wer hätte geglaubt, daß die Tuberkulose und viele andere Infektionskrankheiten praktisch verschwinden werden, und daß

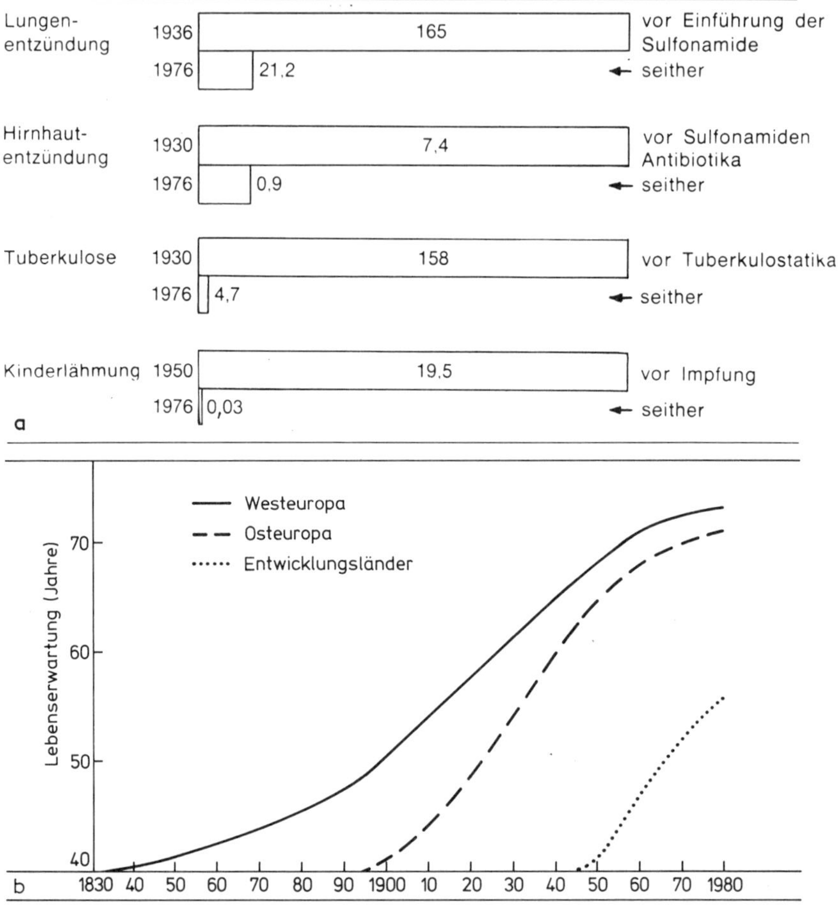

Abb. 5 a. Sterblichkeit jährlich je 100 000 Deutsche bei ausgewählten Infektionskrankheiten [16]. – **b.** Erhöhung der durchschnittlichen Lebenserwartung in Westeuropa (volle Kurve), Osteuropa (gestrichelte Kurve) und in Entwicklungsländern (punktierte Kurve). Man sieht, daß Hygiene und Antibiotika die Lebenserwartung in den Entwicklungsländern in 15 Jahren um dasselbe Maß erhöhten, wie es Hygiene, bessere Ernährung und altmodische Medizin in Europa in 85 Jahren taten. Die Lebenserwartung ist dort der europäischen noch immer um 15 bis 20 Jahre zurück, hauptsächlich infolge der viel höheren Kindersterblichkeit [39].

die durchschnittliche Lebenserwartung in Westeuropa noch um 10 Jahre steigen wird? Das Titelbild dieses Buches zeigt die frappante und immer noch steigende Kurve der Lebenserwartung in Japan seit dem Einbruch des Westens. Ähnliche Kurven erhält man für die Durchschnittsgröße der Japaner, deren Jugend jetzt schon der europäischen gleicht, und erstaunlicherweise auch für den durchschnittlichen Intelligenzquotienten japanischer Schulkinder, der den der europäischen und amerikanischen Jugend schon überschreitet. Das sind die sprechendsten Zeugnisse für die Segen westlicher Ernährungswissenschaft und Medizin [38].

Kann sich die Medizin noch weiter entwickeln? In den Vereinigten Staaten von Amerika ist die Hälfte aller Todesfälle auf Kreislaufleiden und ein Drittel auf Krebs zurückzuführen. Aber die Zahlen täuschen, weil sie nicht erkennen lassen, in welchem Alter die Menschen an diesen Krankheiten sterben. John Cairns hat ein Maß für die Vorzeitigkeit von Todesfällen entwickelt. Er berechnet, wieviel ein Mensch durch seinen Tod von der Schaffensperiode zwischen seinem 20. und 65. Lebensjahr verliert. (Tab. II) So betrachtet, steht die Kindersterblichkeit zuhöchst in

Tab. II. Ursachen für den Verlust des Arbeitslebens in den Vereinigten Staaten im Jahr 1968. Es wurde angenommen, daß das Arbeitsleben 45 Jahre dauert, vom 20. bis zum 65. Lebensjahr. Todesfälle vor dem 20. Lebensjahr tragen je 45 Jahre zum Arbeitsverlust bei, jene zwischen dem 20. und 65. Jahr proportional weniger; Todesfälle nach dem 65. Lebensjahr zählen nicht [13].

Ursache	Verlorene Arbeitsjahre	Prozent
Unfälle und Verbrechen		
Autounfälle	1 533 102	11
Andere Unfälle	1 262 415	9
Mord	397 668	3
Selbstmord	389 733	3
Total	3 582 918	26
Gefäßkrankheiten		
Herzkrankheiten	1 610 142	12
Hirngefäßkrankheiten	431 973	3
Andere	578 801	4
Total	2 620 916	19
Kindersterblichkeit	1 970 489	14
Krebs	1 744 189	13
Krankheiten der Atmungsorgane	968 064	7
Erbkrankheiten	674 465	5
Infektionen	291 185	2
Gesamt	11 852 226	86
Alle Ursachen	13 687 716	100

der Tabelle der Todesursachen, gefolgt von Krebs, Herzleiden und Autounfall. Dank der Antibiotika sind Infektionskrankheiten mit nicht mehr als zwei Prozent am vorzeitigen Tod beteiligt, sie stehen damit in der Liste sogar unter dem Mord (3 Prozent). Nach dem Krebs mit 13 Prozent verursachen Verkehrsunfälle 11 Prozent der vorzeitigen Todesfälle, und das, obwohl die USA eine relativ niedrige Unfalltod-Rate pro gefahrene Kilometer hat. In der Bundesrepublik Deutschland ist sie um die Hälfte höher. Am niedrigsten ist sie in Großbritannien und Skandinavien, am höchsten in Spanien und Polen. Es wäre einfacher und billiger, die Zahl der Verkehrsunfälle zu reduzieren, als den Krebs zu heilen. Viele Lösungen des Verkehrsproblems existieren, aber es fehlt der politische Wille, sie anzuwenden. Zum Beispiel ist es bewiesen, daß Sitzgurte die Verletzungen bei Verkehrsunfällen mildern, aber das britische Parlament meinte bis vor kurzem, daß das obligate Anschnallen der Gurte eine Einschränkung der persönlichen Freiheit bedeutet. In Italien besitzen die wenigsten Autos überhaupt Gurte. Die Vereinigten Staaten führten 1974 eine gesetzliche Höchstgeschwindigkeit von 90 km/Stunde ein. In dem Jahr gab es 9343 weniger Verkehrstodesfälle, ein Rückgang von 17%. Der Rückgang der durch Kopfverletzungen verursachten Fälle von Epilepsie wurde auf 90000 geschätzt, der Rückgang der durch Rückenverletzungen verursachten Fälle von Lähmungen auf 60 bis 70%. Diese frappanten Zahlen erhielt ich vom britischen Verkehrsministerium; sie sind sicher auch anderen westeuropäischen Verkehrsministerien bekannt. Trotzdem ist kein einziges westeuropäisches Land dem amerikanischen Beispiel gefolgt. Nur die DDR hat schon lange eine gesetzliche Höchstgeschwindigkeit von 100 km/Stunde.

Die häufigste Form des Krebses könnte verhütet werden, wenn es die Menschen nur wollten. Es ist der primäre Lungenkrebs, der fast ausschließlich auf das Tabakrauchen zurückzuführen ist. Cairns schreibt: „Der Lungenkrebs liefert das Paradebeispiel dafür, daß die Ursache eines Krebses durch das Studium seiner zeitlichen Häufigkeitsverteilung aufgedeckt werden kann. Rückblickend hat es den Anschein, als wären die westlichen Gesellschaften angetreten, einen recht gut kontrollierten Großversuch zur Krebs-Ursachenforschung auszuführen; hierbei haben sie ihre eigenen Menschen, von denen Millionen starben, als Versuchstiere benutzt" [13] (Abb. 6).

Das britische Gesundheitsministerium gibt pro Jahr drei Millionen Dollar für den Kampf gegen den Tabakgenuß aus – die Zigarettenindustrie zahlt 160 Millionen, um für ihn zu werben. (Ministerpräsidentin

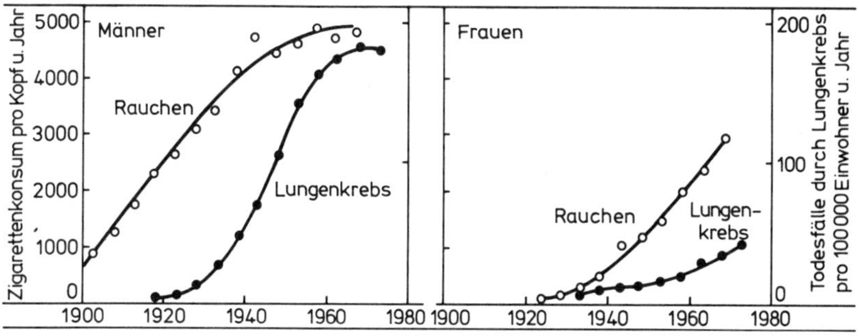

Abb. 6. Zunahme der Sterblichkeit durch Lungenkrebs, verglichen mit dem Anstieg des Zigarettenrauchens, USA, 1900 bis 1980 [13].

Thatcher entließ angeblich einen ihrer Minister, weil er sich gegen die Zigarettenreklame einsetzte.) Tierversuchsgegner demonstrieren vor Laboratorien gegen die Verwendung von Tieren bei der Krebsforschung, aber ich habe noch nie von jemanden gehört, der vor einer Zigarettenfabrik demonstriert hätte.

Die erfolgreiche Behandlung des Krebses und vieler anderer Krankheiten ist eng mit der Entwicklung wirksamer Arzneimittel verknüpft. Die Contergan-Tragödie von 1962 hat das Vertrauen in die pharmazeutische Industrie stark erschüttert und in den meisten Ländern zu einer Verschärfung der Sicherheitsbestimmungen geführt. Die Anwendung dieser Maßnahmen ist äußerst mühevoll geworden, insbesondere in den USA, dem Ursprungsland der meisten neuen Medikamente. Anfang der sechziger Jahre vergingen zwischen der Patentanmeldung eines neuen Präparates und seiner Zulassung zum Verkauf im Durchschnitt drei Jahre. Um 1970 hatte sich diese Zeitspanne auf siebeneinhalb Jahre und 1978-79 gar auf neun Jahre erweitert. In England ging es ähnlich (Abb. 7). Zum Beispiel wurde die Wirkung von Lithiumkarbonat gegen manisch-depressives Irresein in den fünfziger Jahren entdeckt und um 1960 in Europa allgemein angewandt. Hingegen fand es keine amerikanische Firma der Kosten wert, die von der Lebens- und Arzneimittelbehörde geforderten Tests auszuführen, weil das Lithiumkarbonat doch eine einfache anorganische Verbindung ist, die sich nicht patentieren und exklusiv verschleißen läßt. Dadurch wurde die Einführung dieses Mittels in den USA bis 1970 verzögert. Man kann behaupten, daß die Lebens- und Arzneimittelgesetze die Vereinigten Staaten vor dem Contergan bewahrten, aber andererseits verurteilten sie Tausende von Manisch-Depressiven

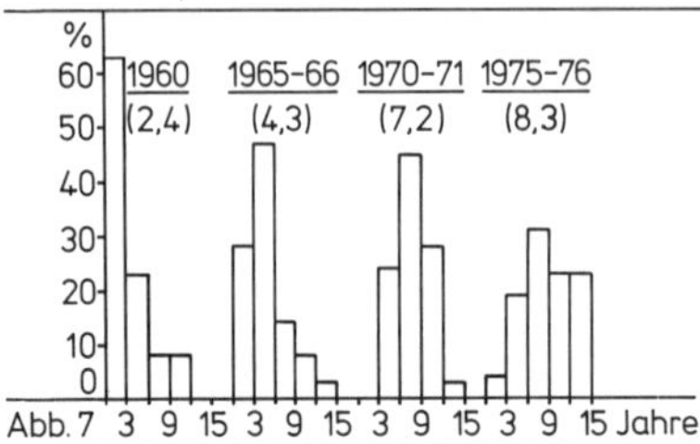

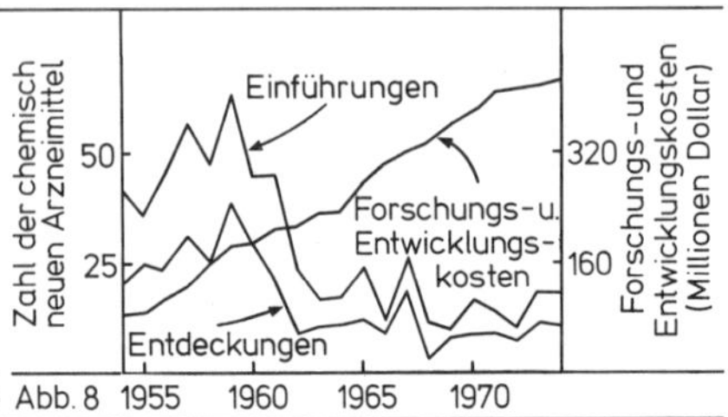

Abb. 7. Zeitabstand zwischen dem ersten Patent und der ersten Freigabe neuer Arzneimittel in Großbritannien, 1960 bis 1976 [14]. Die geklammerten Zahlen geben den Durchschnitt in Jahren an.

Abb. 8. Entdeckung und Einführung neuer Arzneimittel, verglichen mit Ausgaben für Arzneimittelforschung und Entwicklung in den Vereinigten Staaten, 1954 bis 1974 (Dollarpreis von 1958) [15].

während mehr als 10 Jahren zu unnötigem Leiden. Ähnliches spielte sich in den letzten Jahren mit den sogenannten Betablockern ab, das sind Mittel, die vielen Herzkranken außerordentlich helfen. Hier ist der Konflikt zwischen Segen und Risiko auf die Spitze getrieben. Es wird auch zunehmend schwieriger, neue Arzneistoffe zu entdecken: Im Durchschnitt müssen 7000 organische Substanzen synthetisiert werden, ehe *eine* pharmakologisch wirksame Substanz gefunden wird.

Zum Vergleich: Paul Ehrlich brauchte nur 605 arsenhaltige Präparate zu prüfen, um seine „magische Kugel" gegen die Syphilis zu finden. Kein Wunder, daß sich die Entwicklungskosten für ein neues Arzneimittel in der Zeit von 1960 bis 1975 real verfünffacht haben und heute bei 50 Millionen Dollar liegen. Daran haben Chemie und Pharmakologie nur einen Anteil von einem Drittel. Der Rest der großen Summe wird für die toxikologische und klinische Prüfung sowie für allerlei Formalitäten ausgegeben, die für eine Zulassung erforderlich sind [14, 15, 16] (Abb. 8 und 9). In den USA ist die pharmazeutische Fachliteratur mit giftigen Angriffen gegen die forschungshemmende Lebens- und Arzneimittelbehörde gespickt, die sich ihrerseits mit Statistiken verteidigt, aus denen hervorgehen soll, daß ihre Maßnahmen vor allem das Vermarkten unwirksamer neuer Medikamente verhinderten und die gestiegenen Kosten und Entwicklungszeiten andere Gründe hätten (Abb. 10).

Wer immer hier Recht hat – außer den großen Firmen kann sich kaum ein Pharmawerk mehr die Entwicklung neuer Arzneimittel erlauben, und selbst die Marktgiganten zögern, Medikamente zu erforschen, die

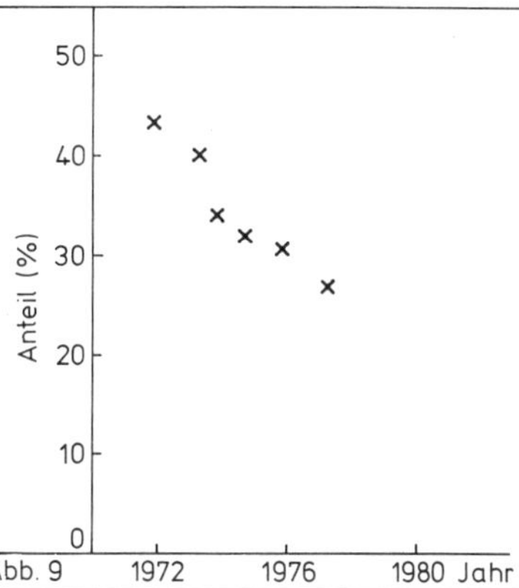

Abb. 9

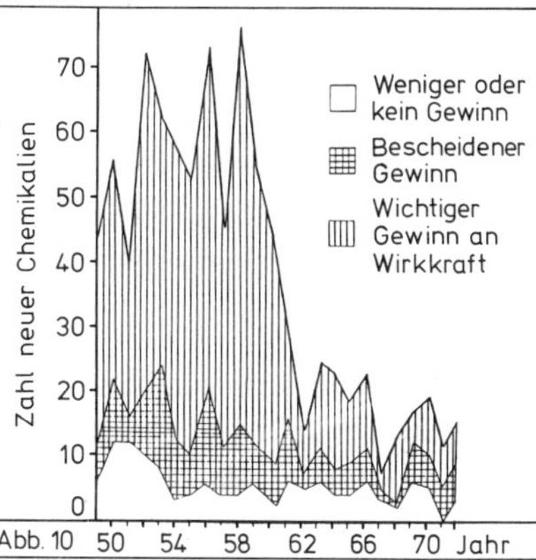

Abb. 10

Abb. 9. Prozentualer Anteil der eigentlichen Forschung am Forschungs- und Entwicklungsbudget der Hoechst AG [16].

Abb. 10. Jährliche Zulassung neuer Arzneimittel in den Vereinigten Staaten mit dem Grad verbesserter Wirkung [14].

gegen andere als die in Industriegesellschaften hauptsächlich verbreiteten Krankheiten wirksam sind. Denn hierbei wären die Entwicklungskosten nicht wieder herauszuholen. Ergo wird zu wenig ausgegeben für die Erforschung von Mitteln gegen die Flußblindheit, die Trypanosomiasis (Schlafkrankheit), die Bilharziose und die ganze Palette der anderen Tropenkrankheiten, die in vielen Teilen der Welt die Menschen verkrüppeln oder ihr Leben verkürzen. Solche Forschung kommt teuer, aber die Volksgesundheit der Entwicklungsländer könnte auch ohne sie leicht und billig verbessert werden, wenn man die Leute nur dazu erziehen würde, bestehendes Wissen anzuwenden. V. Ramalingwasmami vom Indian Medical Research Council weist darauf hin, daß in seinem Land immer noch Kropf, Xerophthalmie (Austrocknung der Binde- und Hornhaut im Auge) und ernährungsbedingte Blutarmut endemisch auftreten, obwohl diese Krankheiten ohne großen Aufwand mit jodhaltigem Salz, Vitamin A und Eisensulfat verhindert werden könnten. Durchfälle, die sich durch eine orale Rehydrierung mit einem Glucose-Salz-Gemisch verhüten ließen, sind eine häufige Todesursache bei Säuglingen. Weltweite Programme für die Ernährung von Kleinkindern haben wenig Erfolg gehabt, wenn den Müttern nicht gleichzeitig beigebracht wird, wie sie Unterernährung und Krankheit ihrer Kinder verhüten können. Um so einfache medizinische Kenntnisse unter die Leute zu bringen, hat die indische Regierung einen Gesundheitsplan für ländliche Gebiete ausgearbeitet, nach dem jedes Dorf mit mehr als tausend Einwohnern einen Gesundheitsberater erhalten soll. Ausgebildet wird er in einem dreimonatigen Kursus an einem benachbarten Gesundheitszentrum. Um 1985 soll in ländlichen Bezirken für je 5000 Einwohner ein männlicher und ein weiblicher medizinischer Helfer zur Verfügung stehen. Vorbild für diesen Plan sind die Barfuß-Ärzte in China [17].

Die Weltgesundheitsorganisation ist zu dem Schluß gelangt, daß in vielen Ländern enorme Fortschritte in der Gesundheitsfürsorge gemacht werden könnten, wenn dort lediglich die in Europa schon vor Beginn der modernen Medizin übliche Hygiene eingeführt würde. Die WHO hat deshalb eine Aktion gestartet, die erreichen soll, daß bis 1990 jedem Menschen der Erde sauberes Wasser und sanitäre Einrichtungen zur Verfügung stehen. Die Abbildung 11 zeigt die immer noch starke Höhe der

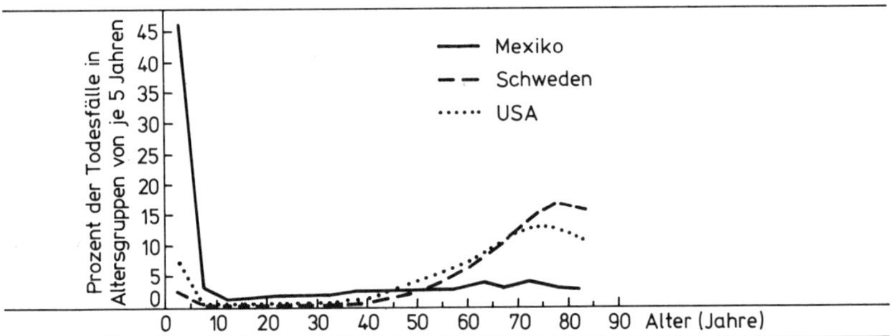

Abb. 11. Altersverteilung der Sterblichkeit im Jahr 1960 in Mexiko (volle Kurve), Schweden (gestrichelte Kurve) und USA (punktierte Kurve). In Mexiko war die Sterblichkeit bei Kindern unter 5 Jahren mit 45% aller Todesfälle vorherrschend. In Schweden lebten die meisten Leute bis über 60 Jahre [31], heute sicher noch länger.

Kindersterblichkeit in Mexiko, einem typischen Entwicklungsland, verglichen mit Schweden und den Vereinigten Staaten, und wie viel höher in Mexiko auch die Sterblichkeit in den besten Arbeitsjahren ist. Selbst in Schweden und den Vereinigten Staaten könnte sie bei weniger Zigarettenrauchen und Alkoholgenuß in diesen Jahren noch viel niedriger sein.

Zusammenfassend läßt sich sagen, daß in allen Ländern viel Krankheit und frühzeitiger Tod verhütbar wären, wenn Regierungen und Volk gewillt wären, bekanntes Wissen auch anzuwenden. Neue Arzneimittel und Behandlungen können nur entwickelt werden, wenn die Öffentlichkeit gewillt ist, ein gewisses Maß an Gefahr in Kauf zu nehmen. Risiko gleich null ist nur mit unendlich hohen Kosten zu haben.

Wissenschaft und Energie

Wird die Wissenschaft genug Energie für ein zivilisiertes Leben bereitstellen können, wenn einmal Öl und Erdgas knapp geworden sind? Auf keinem Gebiet der Wissenschaft und Technik ist die Balance zwischen Nutzen und Schaden so empfindlich wie bei der Energieproduktion. Prinzipiell gibt es eine Vielfalt von Möglichkeiten, Öl und Gas zu ersetzen, aber es sieht so aus, als wäre keine von ihnen rechtzeitig realisierbar, finanziell tragbar und vom Standpunkt des Umweltschutzes tolerierbar oder hinreichend sicher.

Der naheliegendste Ersatz ist die Kohle, von der es noch enorme Reserven in der Welt gibt, und die verflüssigt oder in Gas umgewandelt werden kann. Doch wollten wir Kohle ohne spezielle Vorkehrungen als Hauptenergieträger verbrennen, würde die Luftverpestung schlimmer werden als zu Anfang unseres Jahrhunderts in Manchester, als mehr als die Hälfte der Kinder rachitisch wurden, weil sie fast nie die Sonne sahen, und als im Jahr auf jeden Quadratmeter ein Kilogramm Staub fiel. Die Luft der Industriestaaten ist heute viel sauberer geworden, weil der Kohleverbrauch gesunken ist (in England seit 1910 um mehr als die Hälfte), aber auch, weil moderne Verbrennungsanlagen die Emission von Rauchpartikeln auf etwa ein Tausendstel dessen reduziert haben, was früher aus den Schloten kam.

Der giftigste Bestandteil der Kohle- und Ölabgase ist das Schwefeldioxid. Der Wind treibt es vom europäischen Kontinent und den Britischen Inseln nach Skandinavien, wo es die Fische in den Seen und Flüssen tötet. In Deutschland zerstört es die Wälder. In Venedig zerstört es die alten Fassaden der Kirchen und Paläste [18] (Abb. 12). Schwefeldioxid läßt sich aus dem Rauch entfernen; in den Vereinigten Staaten und in Japan ist es sogar vorgeschrieben, aber das Verfahren ist teuer. In einem Kohlekraftwerk kann es etwa noch einmal soviel kosten wie die verheizte Kohle selbst. Darum drückt sich die Industrie davor, wo es nicht unerläßlich ist.

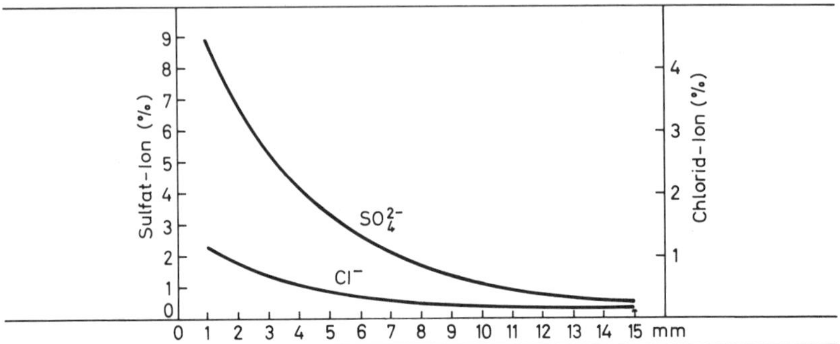

Abb. 12. Eindringen von Schwefel- und Salzsäure in den Veronastein der Kirche von St. Nicolo dei Mendicoli in Venedig (Millimeter von der Oberfläche) [18].

Wenn fossile Stoffe verbrannt werden, entsteht überdies Kohlendioxid in der Atmosphäre. Diese Anreicherung mag zur Folge haben, daß einmal unsere Lufthülle mehr Sonnenlicht absorbiert als die Erde abstrahlt, und darum zu einer Erwärmung des Klimas führt. Eine solche Temperatursteigung, so wird befürchtet, könnte einen Teil der arktischen Eiskappen zum Schmelzen bringen, so daß der Meeresspiegel anstiege und nicht nur Venedig überfluten würde, sondern auch die Po-Ebene und andere, fruchtbare und darum dicht bevölkerte Niederungsgebiete der Erde. Das britische Amt für Meteorologie bestreitet zwar die Berechtigung solcher Befürchtungen, gleichwohl aber hält es lokale Klimaveränderungen mit schädlichen Auswirkungen als Folge allzu starken Einsatzes fossiler Energie für möglich. Auf diesem Wissenschaftsgebiet ist noch alles offen, sogar die Möglichkeit, daß uns die Kohlendioxid-Emission vor einer neuen Eiszeit bewahren könnte. Viel mehr Forschung ist notwendig, ehe sich die klimatischen Folgen einer verstärkten Nutzung fossiler Energiequellen voraussagen lassen.

Die Arbeit im Kohlenbergwerk ist eine der gefährlichsten menschlichen Tätigkeiten. 1978 sind von beschäftigten 232 000 Bergleuten in Großbritannien 72 umgekommen und 480 verletzt worden. Das entspricht dem Zehnfachen der durchschnittlichen Unfallrate in der verarbeitenden Industrie. Zudem starben in dem Zeitraum mehr als 200 Bergleute vorzeitig an der Staublunge, aber diese Männer waren alle vor 1955 eingestellt worden; seitdem nämlich sorgt die Staubfilterung im Bergwerk dafür, daß diese Lungenkrankheit fast nicht mehr neu entsteht [19].

Solche und ähnliche Risiken sind viel geringer bei der nuklearen Energiegewinnung, die außer einer unerheblichen Aufheizung der Meere keine Umweltbelastung hervorruft, solange der radioaktive Müll sicher eingeschlossen bleibt. Nukleare Brennstoffe könnten den wachsenden Energiebedarf mindestens für die nächsten fünfzig bis hundert Jahre decken, vielleicht für eine viel längere Dauer.

Zwei Arten von nuklearen Reaktoren stehen zur Verfügung, der thermische Reaktor und der Schnelle Brüter. Thermische Reaktoren werden mit Natururan betrieben (es besteht zu 99,3 Prozent aus dem nicht spaltbaren Uran-238 und zu 0,7 Prozent aus dem spaltbaren Uran-235) oder mit Uran, in dem das Isotop Uran-235 künstlich angereichert worden ist.

Die thermischen Reaktoren sind verhältnismäßig sicher, zumal sich in ihnen keine nukleare Explosion ereignen kann. Der schlimmste Unfall wäre das Versagen der Kühlung, das den Reaktorkern zum Schmelzen brächte. Ein solches Ereignis hätte aber auch sehr ernste Folgen. Der geschmolzene Reaktorkern würde seinen Sicherheitsbehälter durchbrennen, in den Boden eindringen und das Grundwasser eines weiten Gebiets verseuchen. Würde das Kühlsystem bersten, könnte radioaktiver Dampf entweichen und erhebliche Verluste an Menschenleben zur Folge haben. In Harrisburg hätte sich dies 1979 beinahe ereignet, aber eben nur beinahe. Bislang jedenfalls ist in der westlichen Welt noch kein solcher Unfall vorgekommen [20, 21, 22]. Britische Reaktoren sind gasgekühlt, weshalb bei ihnen ein Unfall vom Harrisburg-Typ nicht möglich ist [23]. Aber es hat bei der Vergrößerung dieser Reaktorsysteme Probleme gegeben.

Thermische Reaktoren müssen von Zeit zu Zeit mit neuem Brennstoff beladen werden. Und da die Uranreserven der Erde begrenzt sind, werden vielleicht schon unsere Kinder deren Verknappung erleben, es sei denn, wir würden uns für den anderen Reaktortyp entschließen, den Schnellen Brüter.

Im thermischen Reaktor entsteht Plutonium aus dem nicht spaltbaren Uran-238. Plutonium ist wie das Uran-235 spaltbar, also als Reaktorbrennstoff geeignet. Aber die Menge des „erbrüteten" Plutoniums ist geringer als die des Uran-235, das verbraucht wird. Im Schnellen Brüter ist dies umgekehrt, er wandelt mehr seiner Uran-238-Umhüllung in Plutonium um, als er Spaltstoff in seinem Kern verbrennt, und dieser Überschuß kann entnommen werden, um damit den Reaktorkern neu zu beladen oder weitere Reaktoren zu bauen. Mithin bedürfen die Schnellen

Brüter nicht des spaltbaren Uran-235, sondern sie verwenden das nicht spaltbare Uran-238, das auf diese Weise 60mal besser ausgenutzt wird als beim thermischen Reaktor [24]. Entsprechend länger halten die Uranvorräte vor. Für eine Kapazität von tausend Megawatt Strom (das reicht für eine Einmillionenstadt) benötigt ein Schneller Brüter einen Reaktorkern bestehend aus fünf Tonnen Plutonium, vermischt mit zwanzig Tonnen Uran, umhüllt von einem Uranmantel, der aus verbrauchtem Brennstoff thermischer Reaktoren bestehen könnte, aus dem das entstandene Plutonium zuvor extrahiert worden ist.

„Schnell" heißt der Brüter übrigens nicht, weil er schnell brütet, sondern weil es schnelle Neutronen sind, die in ihm die Reaktionen hervorrufen. Um das Plutonium zu gewinnen, das ein 1000 Megawatt Strom liefernder Schneller Brüter als Füllung benötigt, muß ein kommerzieller thermischer Reaktor etwa 17 Jahre lang in Betrieb sein, ein Schneller Brüter gar 30 Jahre. Aus diesem Grund kann der Schnelle Brüter nicht vor Ende unseres Jahrhunderts massiv zur Energieerzeugung eingesetzt werden. Öl und Gas aber mögen schon früher knapp werden.

Ein Schneller Brüter mit einer Stromleistung von 250 Megawatt läuft in England seit Jahren problemlos. Trotzdem läßt sich heute noch nicht sagen, ob eine viermal so große Anlage hinreichend sicher wäre. Denn ein Schmelzen der Brennstäbe könnte den Energiefluß beträchtlich verstärken und im Prinzip eine *thermische* Explosion zur Folge haben (nicht eine nukleare). Darum wird in Großbritannien noch weitere Forschungsarbeit für erforderlich gehalten, ehe ein großes Brüter-Kraftwerk errichtet werden kann. In Frankreich hingegen befindet sich ein solches bereits im Bau. Es soll 1983 anlaufen.

Weil das Plutonium für den Schnellen Brüter aus den verbrauchten Brennstäben thermischer Reaktoren gewonnen wird, ist der Transport dieses Elements unvermeidlich. Dabei könnte Plutonium abhanden kommen. Ein paar Kilogramm davon aber würden schon für die Konstruktion einer Atombombe ausreichen, und 5000 Kilogramm, wenn nicht mehr, werden für einen Brutreaktor benötigt. Das eröffnet beängstigende Aussichten. Plutonium mag in die Hände von Terroristen fallen und ihnen Erpressungen bisher ungeahnten Ausmaßes erlauben. Niemand könnte einen Ganoven aus der Unterwelt daran hindern, die Bevölkerung der USA mit solch einem Mittel zu zwingen, ihn zum Präsidenten zu wählen. Indessen argumentieren einige Leute auch so: Die Sicherung der Plutoniumvorräte wäre eine Frage der Technik und Organisation. Wenn man von Terroristen absieht, würden Schnelle Brüter den

Mißbrauch der Kernenergie vermindern, denn gegenwärtig lagert der meiste verbrannte Kernbrennstoff aus thermischen Reaktoren in Kühlbecken, wo das in ihm enthaltene Plutonium dem Staat jederzeit für den Bau von Atombomben zur Verfügung steht: die Schnellen Brüter aber würden diesen Plutoniumvorrat benötigen, mithin einer friedlichen Verwendung zuführen [25].

Die dritte, sowohl mit Schnellen Brütern als auch mit den thermischen Reaktoren verknüpfte Gefahr stellt ihr radioaktiver Abfall dar. Jeder große thermische Reaktor produziert im Jahr etwa hundert Kubikmeter festen Mülls. Im englischen Kernkraftwerk Windscale lagerten 1975 zwölftausend Kubikmeter Festabfall, und darin war eine halbe Tonne Plutonium enthalten. Hinzu kamen 600 Kubikmeter hochaktiven flüssigen Abfalls; im Jahr 2000 ist mit dem Zehnfachen zu rechnen (Abb. 13).

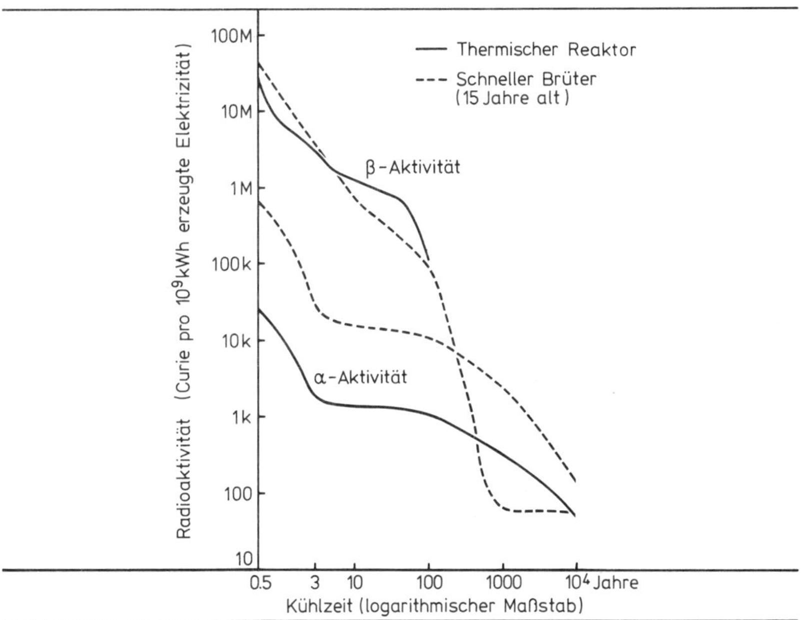

Abb. 13. Zeitlicher Rückgang der Radioaktivität von hochradioaktivem Müll aus thermischen (Magnox, Energieproduktion: 4000 Megawatt-Tage pro Tonne Brennstoff) und schnellen Brutreakoren (CFR, 80 000 Megawatt-Tage pro Tonne Brennstoff; CFR-Daten gestrichelt), nach Abscheidung von 99% des Urans und Plutoniums 6 Monate nach Entladung aus dem Reaktor [22].

In England existieren noch keine verbindlichen Pläne für die Atommüll-Beseitigung. Diskutiert wird die Verbringung in stabile Felsenhöhlen unter der Erde oder dem Meeresboden. Die Royal Commission on Environmental Pollution drückte ihre Besorgnis über diesen Mangel an Vorausplanung aus und empfahl, sich nicht auf umfangreiche Kernenergieprogramme festzulegen, ehe nicht zweifelsfrei erwiesen ist, daß Verfahren zu Gebote stehen, die für eine unbegrenzte Zukunft die sichere Einlagerung langlebiger radioaktiver Abfälle gewährleisten. Die Kommission war überzeugt davon, daß das Problem zu lösen sei, meinte jedoch, daß noch viel Forschung erforderlich wäre, bevor eine akzeptable Lösung gefunden würde [22].

Seit der Veröffentlichung dieses Berichts im Jahr 1976 sind in Deutschland und Frankreich anscheinend sichere Methoden für die Einlagerung radioaktiven Mülls entwickelt worden. In Frankreich wird der hochaktive Abfall in Glas vergossen. Die radioaktiven Glaszylinder werden in Stahlbchälter eingeschweißt und so in einen luftgekühlten unterirdischen Betonbunker gebracht [26]. Ein solches Gebäude von der Größe eines Bahnhofs wird den bis zum Ende des Jahrhunderts anfallenden Müll der gesamten französischen Nuklearindustrie aufnehmen. In Deutschland soll der Abfall in einen 650 Meter tiefen Salzdom gebracht werden.

Gegenwärtig sind weltweit etwa 200 Kernreaktoren mit einer Leistung von 135 000 Megawatt Strom in Betrieb. Das entspricht dem Zweieinhalbfachen der gesamten Stromerzeugung von Großbritannien und Frankreich. In der Bundesrepublik Deutschland werden vierzehn Prozent der Elektrizität nuklear erzeugt. In Großbritannien beträgt der Anteil ein Achtel; er soll bis zum Jahr 2000 auf ein Viertel gesteigert werden. In Frankreich ist heute schon ein Viertel der Elektrizität nuklearen Ursprungs, und 1985 soll es mehr als die Hälfte sein. Innerhalb der nächsten zwanzig Jahre will Frankreich die Stromerzeugung um 70 Prozent steigern, und im Jahr 2000 sollen 80 bis 90 Prozent dieser vermehrten Energieproduktion der Kernkraft entstammen. Frankreich ist in der friedlichen Nutzung der Kernenergie das im weitesten fortgeschrittene Land der Welt [26].

Könnten die Kernkraftrisiken vermieden werden, indem wir die zu erwartende Energielücke aus erneuerbaren Quellen füllten, mit Sonnen- und Windenergie, Wellen- und Gezeitenkraft, Biobrennstoffen oder geothermischer Energie? Diese Reservoire sind sehr groß, aber ihre Nutzung bereitet Schwierigkeiten, die am klarsten der russische Physiker und

Nobelpreisträger Peter Kapitsa erklärt hat [27]. Der zweite Hauptsatz der Thermodynamik lehrt uns, daß die Effizienz, mit der Energie aus einer gegebenen Quelle gewonnen werden kann, nicht allein von der Gesamtenergie abhängt, die diese Quelle in einer Zeiteinheit zu liefern vermag, sondern auch von der Dichte des Energieflusses. Zum Beispiel: Mehr Energie läßt sich aus einem kleinen Bach gewinnen, der einen hohen Berg hinunterstürzt, als aus einem breiten Strom, der gemächlich in der Ebene dahinfließt, obwohl beide Gewässer die gleiche Energie pro Zeiteinheit produzieren. Ebenso folgt aus dem Naturgesetz, daß bei Windstärke 5 (das entspricht einer Geschwindigkeit von zehn Meter in der Sekunde) 25 000 kleine Windmühlen mit Flügeln von 8 Meter Durchmesser oder 250 gigantischen Mühlen mit 80-Meter-Flügeln benötigt würden, um tausend Megawatt Elektrizität zu erzeugen, also das, was ein Kernkraftwerk liefert. Zusammen mit den nötigen Zufahrtsstraßen bräuchten diese Windmühlen ein enormes Areal, das der Land- oder Forstwirtschaft entzogen werden müßte. Oder: Die Sonneneinstrahlung auf eine Fläche von mindestens fünfzig Quadratkilometer müßte gesammelt werden, um diese tausend Megawatt das ganze Jahr hindurch produzieren zu können. Auch diese müßten der Land- und Forstwirtschaft entzogen werden.

Der Energiefluß anderer erneuerbarer Quellen ist ebenso dürftig, so daß außergewöhnlich hohe Investitionen für eine magere Ausbeute vonnöten wären. Das britische Energieministerium schätzt, daß um die Jahrhundertwende alle erneuerbaren Energiequellen zusammengenommen nur etwa zehn Prozent des britischen Energiebedarfs decken könnten; andere freilich halten diese Abschätzung für zu niedrig. In den Vereinigten Staaten hatte Präsident Carter zwanzig Prozent als Ziel gesetzt, und darin ist zusätzliche Energie aus Wasserkraft enthalten; aber Experten halten zwölf Prozent für realistischer. In südlichen Ländern allerdings dürften erneuerbare Energiequellen einen durchaus spürbaren Beitrag leisten. Wo ein Dorf nicht mehr als 50 Kilowatt für Licht und Bewässerung der Felder benötigt, ist Sonnen- und Windenergie oder durch Gärung von Kuhmist erzeugtes Methan ökonomischer als der Strom, der aus einem weit entfernten Kraftwerk hergeleitet werden müßte. Brasilien rechnet damit, daß 1985 zwanzig Prozent aller flüssigen Kraft- und Brennstoffe aus der Fermentation von Zuckerrohr und Maniok gewonnen werden..

Schließlich besteht eine vage Hoffnung auf die Fusionsenergie [28, 29, 30]. Sie könnte nicht von Terroristen mißbraucht werden. Sie wäre unerschöpflich und würde uns bis in alle Ewigkeit mit Energie versorgen. Aber die technischen Probleme der gesteuerten Kernfusion sind gewaltig, und niemand weiß, wann sie – wenn überhaupt – gelöst werden können. Auch ist noch unklar, ob uns die Fusionsenergie nicht auch Probleme mit radioaktiver Umweltbelastung bescheren wird.

Was würde geschehen, wenn sich die reicheren Länder dazu entschlössen, aus Sorge vor den Risiken keine Kernkraftwerke mehr zu bauen? Sir Hermann Bondi, Chefwissenschaftler am britischen Energieministerium, hat mir erklärt, daß dies das gegenwärtige Ungleichgewicht der Energieverteilung vergrößern müsse, weil die Preise für fossile Brennstoffe in die Höhe schnellen würden, auf ein Niveau, das für die ärmeren Länder unerreichbar wäre (Indien gibt jetzt schon 70% seines Exporteinkommens für Öl aus.) Darum sei es lebenswichtig, so meint Bondi, daß die Wissenschaftler technische Lösungen für das nukleare Risikoproblem finden und die Öffentlichkeit von der Sicherheit der Kernkraftwerke überzeugen, damit sie als gefahrlose Alternative für die herkömmlichen Elektrizitätswerke angenommen werden. Anderenfalls wird die Verknappung der fossilen Brennstoffe die Landwirtschaft und die Industrie in jenen Ländern, die den Preis nicht mehr bezahlen können, größtenteils zum Stillstand bringen. Den gleichen Standpunkt vertritt die Internationale Atomenergiebehörde.

Sir Martin Ryle, Physik-Nobelpreisträger und vehementer Kritiker der britischen Energiepolitik, sieht das ganz anders. Er meint, daß zu Ende dieses Jahrhunderts selbst nach den optimistischsten Vorhersagen die Kernenergie nicht mehr als einen Bruchteil der Energie zu ersetzen vermag, die derzeit von fossilen Brennstoffen geliefert wird. Folglich, so argumentiert er, lasse sich die Energielücke nur füllen, wenn die Verschwendung verringert und erneuerbare Quellen voll ausgenutzt würden. Seiner Berechnung nach könne, wenn das in ein Kernkraftwerk investierte Kapital für energiesparende Maßnahmen ausgegeben würde, etwa dreimal soviel Energie eingespart werden, wie dieses Kraftwerk während seiner Lebensdauer zu liefern imstande wäre. Die Europäische Wirtschaftskommission hält ebenfalls das Energiesparen für die beste erneuerbare Energiequelle. Ryle erwartet entscheidende Leistungsverbesserungen an Windmühlen, Sonnenwärmekollektoren und Wärmespeichern. Darum hält er die offiziellen Schätzungen ihrer Beiträge zur Gesamtenergie für zu niedrig. Er berichtet, daß in Dänemark für das Jahr Zweitausend mit einem Energiebeitrag aus erneuerbaren Quellen von 44 Prozent gerechnet werde, in Kanada werde sogar ein hundertprozentiger Beitrag für 2025 erwartet. Dies wären nur einige der Gründe dafür, meint Ryle, daß die Atomkraft das Risiko nicht wert sei [31, 32].

Ich glaube, die geringen Wahrscheinlichkeiten für einen großen nuklearen Unfall oder für den nuklearen Terrorismus sollten gegen das naheliegendere Risiko einer akuten Welt-Energieverknappung abgewogen werden. Ich habe den Eindruck, daß die Kernkraftgegner die Arbeitslosigkeit, die Hungersnöte, die sozialen Unruhen und internationalen Spannungen, die eine Energieknappheit hervorbringen würde, zu wenig bedenken. Die gegenwärtige wirtschaftliche Depression wurde tatsächlich durch Energieknappheit, d. h. durch Hinaufschnellen der Ölpreise, ausgelöst.

Doch die Politik kümmert sich nicht so sehr um gegenwärtige Befürchtungen und zukünftige Bedürfnisse als um die wirtschaftlichen Realitäten. Weltweit werden zur Zeit mehr Aufträge für Kernkraftwerke storniert als neu vergeben, zum Teil weil die Konstruktionsänderungen, die eine Wiederholung des Harrisburg-Unfalls ausschließen sollen, stark erhöhte Kapitalkosten verursachen.

Energieverbrauch, Nahrungsangebot und Bevölkerungswachstum

Fünfundfünfzig Prozent der Weltenergie werden in Nordamerika und Westeuropa verbraucht, und jedes Jahr wird mehr benötigt, um weiteres Wachstum des bereits absurd hohen Lebensstandards zu garantieren. Der durchschnittliche Westler gibt mehr für Tabak, Getränke und Kosmetika aus, als der Durchschnitts-Inder zum Leben verdient. In vielen Entwicklungsländern kann die Nahrungsproduktion nicht über das kaum zum baren Überleben ausreichende Niveau gebracht werden, weil es an Energie und Kapital fehlt, um Düngemittel herzustellen oder zu importieren. Notwendig also ist nicht etwa eine größere Energieproduktion in den reichen Ländern, sondern eine gleichmäßiger Energieverteilung in der Welt.

Zur Zeit sieht es nicht so aus, als sei genug Energie verfügbar, um ein unbegrenztes Wirtschaftswachstum aufrechtzuhalten. Vielmehr scheinen gegen Ende unseres Jahrhunderts alle Mittel von Wissenschaft und Technik vonnöten zu sein, einschließlich Energiesparen, erneuerbare Energiequellen und Kernkraft, um ein Überleben der Zivilisation zu sichern, insbesondere in den ärmeren Ländern (Abb. 14).

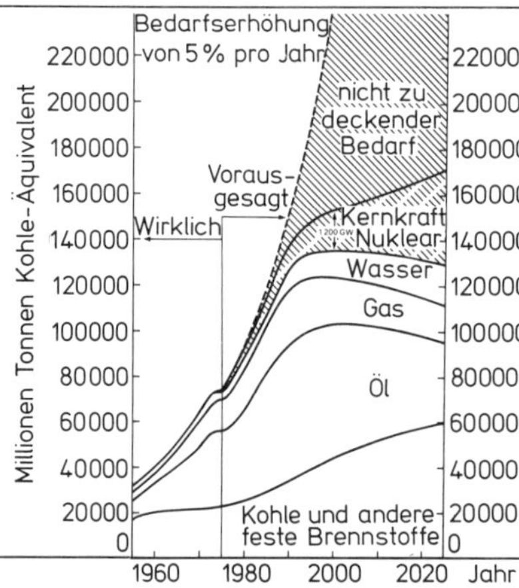

Abb. 14. Weltenergiebedarf und mögliche Energiequellen bis z. Jahr 2025 [22]. Die Annahme eines fünfprozentigen Wachstums des Bedarfs erscheint bei der heutigen Rezession zweifelhaft.

Gegenwärtig verdoppelt sich die Weltbevölkerung alle 25 bis 30 Jahre, und es ist zu erwarten, daß sie im Jahr 2000 auf sechs Milliarden angestiegen sein wird (Abb. 15). Das kommt hauptsächlich von den fortdauernd

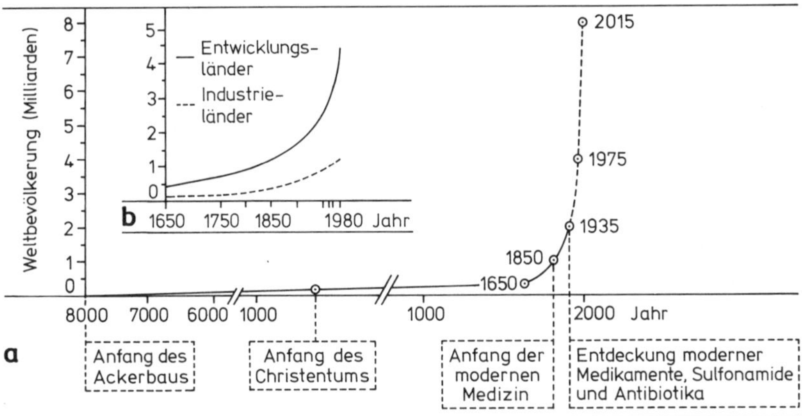

Abb. 15 a. Anstieg der Weltbevölkerung seit 8000 v. Chr. – **b.** Bevölkerungsentwicklung in den letzten 400 Jahren, aufgeteilt in Industrie- und Entwicklungsländer [8].

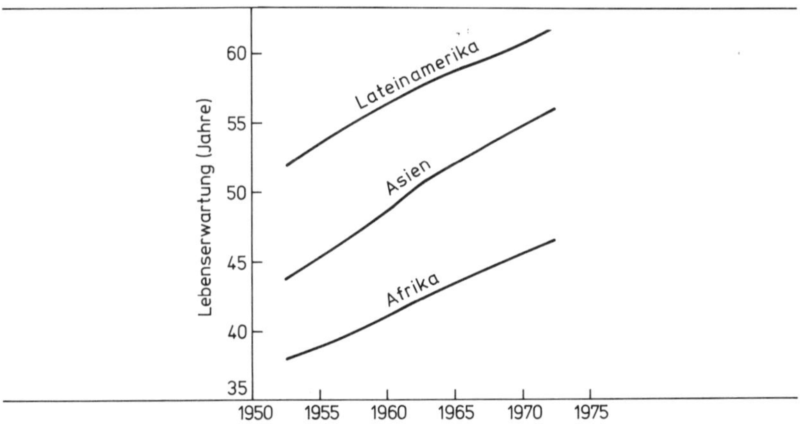

Abb. 16. Obwohl die durchschnittliche Lebenserwartung in den meisten Entwicklungsländern ungefähr gleich stark ansteigt, ist sie doch in drei Kontinenten noch recht verschieden. In den frühen 70er Jahren betrug sie etwa 47 Jahre in Afrika, 57 Jahre in Asien und 62 Jahre in Lateinamerika [39].

hohen Geburtsraten und der dank besserer Gesundheitspflege sich dauernd vermindernden Kindersterblichkeit in den Entwicklungsländern (Abb. 16). Trotz der Erfolge der wissenschaftlichen Landwirtschaft wird die Weltlebensmittelproduktion kaum mit diesem Wachstum mithalten können. Ein Grund ist die Verwendung des besten Agrarlandes für Bauzwecke. Zwischen 1967 und 1977 wurden in den Vereinigten Staaten jährlich über 400000 Hektar solchen Landes für Industrie-, Haus- und Straßenbau entwendet, ein Verlust von 3% in 10 Jahren. Die Bundesrepublik Deutschland verlor zwischen 1960 und 1970 2,5%, Großbritannien und Frankreich verloren je 2%. Dagegen ist das in der Dritten Welt neu angebaute Land meist weniger fruchtbar als das in den reichen Ländern verbaute.

Während die Fläche des Agrarlandes in den Vereinigten Staaten abnimmt, wächst der Druck auf sie, die übrige Welt zu ernähren. Vor dem Zweiten Weltkrieg war Westeuropa die einzige Getreide- importierende Region. Ende der dreißiger Jahre exportierte Südamerika fast doppelt soviel Getreide wie die Vereinigten Staaten. Heute sind Nordamerika, Argentinien, Australien und Neuseeland die einzigen noch Getreide-exportierenden Regionen der Welt, während über 100 Importländer von ihnen abhängen (Abb. 17 und Tab III).

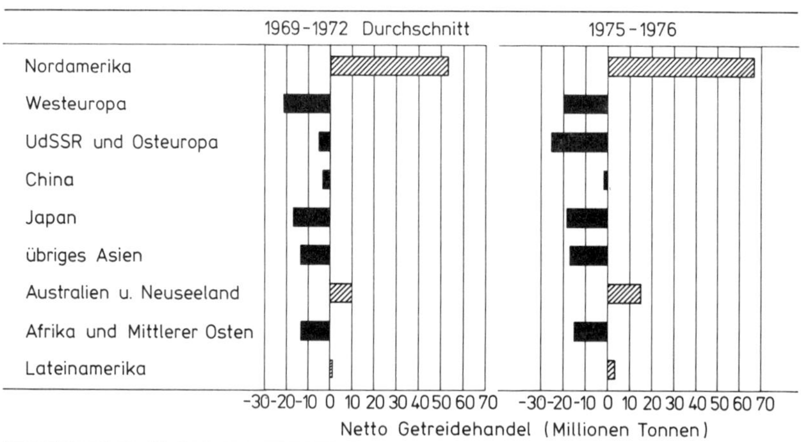

Abb. 17. Export und Import von Getreide [33].

Tab. III. Wechsel des Weltgetreidehandels. Die Ziffern bedeuten Millionen Tonnen Getreide. Plus bedeutet netto Export, minus netto Import [33].

Gebiet	1934 bis 1938	1948 bis 1952	1960	1970	1980
Nordamerika	+ 5	+23	+39	+56	+131
Lateinamerika	+ 9	+ 1	0	+ 4	− 10
Westeuropa	−24	−22	−25	−30	− 16
Osteuropa und Sowjetunion	+ 5	0	0	0	− 46
Afrika	+ 1	0	− 2	− 5	− 15
Asien	+ 2	− 6	−17	−37	− 63
Australien und Neuseeland	+ 3	+ 3	+ 6	+12	+ 19

Vor 25 Jahren hatten die Vereinigten Staaten noch riesige Getreidereserven, mit denen sie die übrige Welt vor den Folgen schlechter Ernten schützen konnten. Außerdem lag noch viel fruchtbares Land brach. In den letzten 20 Jahren schrumpften aber die Getreidereserven der ganzen Welt von 100 Tagen Verbrauch auf nur 40 Tage, und die Reserven brach-

Tab. IV. Index der Nahrungsmittelsicherheit in der Welt [33].

Jahr	Getreidereserven in Millionen	Getreide-Äquivalent brachliegenden Ackerlandes in den USA in Millionen Tonnen	Gesamtreserven in Millionen Tonnen	Reserven als Tage des Weltverbrauchs
1960	198	36	234	102
1965	143	70	213	80
1970	165	71	236	77
1971	183	46	229	73
1972	142	78	220	66
1973	147	25	172	51
1974	132	4	136	40
1975	138	3	141	40
1976	192	3	195	55
1977	191	1	192	51
1978	218	21	239	62
1979	191	15	206	51
1980	151	0	151	40

liegenden Landes sind weg (Tab. IV). Von 1950 bis 1970 stieg die Landwirtschaftsproduktion pro Welteinwohner ständig an, aber jetzt hat sich die Kurve verflacht, und in den kommenden Jahren wird sie voraussichtlich sinken (Tab. V).

Tab. V. Weltbevölkerung und mit Getreide bepflanzte Fläche [33].

Jahr	Bevölkerung in Milliarden	Mit Getreide bepflanzte Fläche in Millionen Hektar	Fläche pro Person in Hektar
1950	2,51	601	0,24
1980	4,42	758	0,17
2000	6,20	828	0,13

Das kommt unter anderem auch daher, weil in vielen Ländern fruchtbarer Boden von Erosion schneller weggeschwemmt und weggeblasen wird, als er sich neu bildet; oft geschieht dies durch zu intensiven Anbau. In den Vereinigten Staaten behielt abwechselnd mit Mais, Weizen und Klee bebauter Boden seine fruchtbare Erde, während von ähnlichem, andauernd mit Mais bebautem Boden das Erdreich viermal schneller abgetragen wurde, als es durch Neubildung zuwuchs. Pro Jahr entspricht die durch Wassererosion in den Vereinigten Staaten fortgeschwemmte Erde über 300 000 Hektar. In der Dritten Welt sind Bauern aus Zeitmangel gezwungen, Berghalden terrassenlos zu bebauen, so daß der Regen den Boden wegschwemmt. In Äthiopien scharren Millionen den schon abgetragenen Boden und erodieren ihn weiter; sie fällen auch die Bäume und hinterlassen das Land kahl wie die Heuschrecken. Diesen Leuten läßt die Armut keine Wahl, aber selbst ein amerikanischer, mit kleinem Gewinn arbeitenden Bauer ist in einer Zwickmühle gefangen. Er kann entweder teure Maßnahmen gegen die Erosion seines Bodens ergreifen und dabei bankrott gehen oder seinen intensiven Anbau fortsetzen, bis er sein unfruchtbar gewordenes Land verlassen muß, so wie die Bauern im Staubbecken des mittleren Westens, deren Tragödie John Steinbeck in den *Grapes of Wrath* (Früchte des Zorns) verewigt hat.

Agrarland, dessen Fruchtbarkeit von künstlicher Bewässerung abhängt, ist von zwei weiteren Übeln bedroht: Versumpfung und Versalzung. Diese verursachten wahrscheinlich das Ende der babylonischen und assyrischen Zivilisationen. Heutzutage verfügen Bewässerungsingenieure über Methoden, diesen Übeln abzuhelfen, aber zu Preisen, die sich nur wenige Bauern leisten können und die selbst für Regierungen schwer tragbar sind (1200 DM pro Hektar). Die Bewässerung selbst ist vom Wachstum von Städten und Industrien bedroht, deren Durst vor dem der Bauern den Vorrang erhält. In manchen Gebieten sinkt auch schon das Niveau unterirdischer Seen durch Überbeanspruchung [12, 33].

Man hat den Eindruck, daß in vielen Ländern der Welt die Menschheit den Grund und Boden verwüstet, von dem einmal ihre Kinder und Enkel leben sollen. Hunger, Gewinnsucht oder schlechtes Planen und allgemeine Mißwirtschaft führen zu einer allmählichen Abnahme der Fruchtbarkeit, während die Zahl der Menschen ständig zunimmt. Politiker der Dritten Welt schieben der Ausnutzung durch den Westen die Schuld für die Unterernährung ihrer Völker zu. Sie haben mit vielen ihrer Anschuldigungen recht, aber ich zweifle, ob selbst die weitsichtigste und selbstloseste Politik des Westens katastrophalen Hungersnöten vorbeugen kann, wenn die Regierungen der Dritten Welt sich nicht selbst bemühen, ihren Bevölkerungszuwachs aufzuhalten und ihren Boden zu schützen, indem sie zum Beispiel statt Waffen Düngemittel importieren. Wie John Steinbeck sagte, kann man zwar niemanden verbieten, geboren zu werden, jedenfalls noch nicht. Und es heißt, die Empfängnisverhütung würde nur von den Völkern betrieben, die schon einen hohen Lebensstandard erreicht haben, und daß es nicht möglich sei, sie ungebildeten Menschen oder Nicht-Europäern nahezubringen. China hat aber jetzt gezeigt, daß es möglich ist, sogar Analphabeten über die Folgen eines ungesteuerten Bevölkerungswachstums aufzuklären und sie von einer Beschränkung der Familiengröße zu überzeugen, sogar auf nur ein Kind, wenn man ihnen klar macht, daß dies der einzige Weg sei, die Zukunft ihres Kindes zu sichern. China produziert Verhütungsmittel in ausreichender Menge und in akzeptabler Form für seine Milliarde Einwohner [3, 4]. Bei der Empfängnisverhütung liegt das Gleichgewicht zwischen Segen und Risiko ganz überwältigend auf der Seite des Segens. Sogar in Großbritannien, wo die medizinischen Dienstleistungen für Schwangerschaft und Geburt ausgezeichnet sind, ist das Risiko der Pille viel geringer als das einer Geburt. Weltweit hat sich die jährliche Zuwachsrate von 1,99% in den Jahren 1960 bis 1965 auf 1,72% in den Jahren 1975 bis 1980 erniedrigt, aber das ist wahrscheinlich mehr dem Absinken der Geburtsraten in den westlichen und östlichen Industrie-Ländern als einem Rückgang in den Entwicklungsländern zuzuschreiben. Leider scheinen Moslem-Gesellschaften jede Form der Geburtenkontrolle abzulehnen. Darum nimmt die Bevölkerung Ägyptens und anderer moslemischer Staaten mit einer Verdopplungsrate von nur 20 Jahren zu. Das bedeutet 200 Millionen Ägypter in 40 Jahren. Ich sehe keinen Weg, diese Menschenmengen mit Lohnarbeit und Nahrung zu versorgen. Ich fürchte, daß die religiösen Skrupel und sozialen Vorurteile, die die Einführung der Geburtenkontrolle in vielen Ländern verzögern, schwere Folgen haben werden.

Wissenschaft und Politik

Kann die Wissenschaft dazu beitragen, die internationalen und nationalen Spannungen zu vermindern? Wissenschaft ist nur Wissen und hat keinen politischen Gehalt, doch der Philosoph Karl Popper, der viel über ihre Methoden und ihre Anwendung auf die Gesellschaft nachgedacht hat, zeigt, daß sie die Menschen zumindest an eine wissenschaftliche Einstellung zu politischen Fragen heranführen kann. In einer Studie über die Geschichte der politischen Wissenschaften, „The Open Society", greift Popper die Philosophen an, die später zu Rezepten für die Tyrannei wurden [35]. Alle diese Philosophien haben Gesetze aufgestellt, nach denen sich die menschliche Gesellschaft auf bestimmten vorgeschriebenen Wegen zwingend entwickeln müßte. Plato sah diesen Weg als eine Degeneration des idealen, perfekten Staates und meinte, diese Degeneration müsse unter der autoritären Herrschaft von wenigen Weisen über die stupide Masse zum Stillstand gebracht werden. George Orwells „1984" ist eine brillante Karikatur dieser platonischen Republik. Nach Marx' historischen Gesetzen führt die Industrialisierung notwendigerweise zunächst zum Klassenkampf und dann zur siegreichen Revolution und Diktatur des Proletariats, bis schließlich der Staat entbehrlich werde.

Popper geht von der Voraussetzung aus, daß die Gesellschaft eine zu komplexe Struktur sei, als daß sich aus ihrer Geschichte irgendwelche Gesetzmäßigkeiten herleiten ließen, die als Grundlage für eine Vorhersage der Zukunft dienen könnten. Primitive Gesellschaften sind alles andere als Modelle der Vollkommenheit, ihre Sozialstrukturen blieben statisch. Revolutionen haben sich nur in Agrargesellschaften ereignet, die vom Feudalismus beherrscht waren, während die Arbeiterschaft in Industriegesellschaften eher dazu neigt, sich mit der Bourgeoisie zu vereinen. Tatsächlich haben sich alle sogenannten historischen Gesetze im Lichte der Realitäten als falsch erwiesen. Popper erklärt, daß die Zukunft ausschließlich von uns abhängt und nicht von irgendwelchen historischen Notwendigkeiten. Folglich gibt es auch kein Gesetz, das internationale Kriege oder nationale Klassenkämpfe unabwendbar mache. Es liegt an uns, sie zu verhüten.

Lord Acton hat erklärt, Demokratie bestehe darin, Revolutionen durch rechtzeitige Reformen zu verhindern. Popper fordert, solche Reformen sollten im Sinne der Wissenschaft unternommen werden, wo Wissen nur provisorisch ist und Naturgesetze als Hypothesen betrachtet werden, die im Experiment zu prüfen sind. Keine Hypothese ist wissenschaftlich, die sich nicht experimentell widerlegen ließe. Nach dieser Definition ist Galileis Gravitationsgesetz wissenschaftlich, Freuds Axiome der Psychoanalyse sind es aber nicht.

Experimentalergebnisse können uns dazu zwingen, unsere ursprünglichen Hypothesen zu modifizieren, so daß sie sich allmählich der Wahrheit nähern. Der Medizin-Nobelpreisträger Peter Medawar formuliert das so: „Wissenschaftliches Schließen ist eine Art Dialog zwischen dem Möglichen und dem Tatsächlichen, zwischen dem, was sein kann und dem, was wirklich der Fall ist." Popper fordert, daß politische, ökonomische und soziale Probleme in der gleichen pragmatischen Weise angepackt werden sollen und nicht auf Grund eines Dogmas. Da die menschliche Gesellschaft unvorstellbar komplex ist, wird das Ergebnis selbst der sorfältigst geplanten Reform stets ungewiß sein. Nur allmähliche und gewaltlose Veränderungen bieten allenfalls die Chance, zu erstrebenswerten Resultaten zu führen, und selbst in diesem Fall sind unerwünschte und unvorhersehbare Nebenwirkungen keineswegs ausgeschlossen – wie bei neuen Arzneimitteln. Popper empfiehlt den Soziologen, zu lernen, solche Nebenwirkungen vorherzusehen, und den politisch Verantwortlichen, im Lichte solcher Nebeneffekte ihre Politik kontinuierlich zu modifizieren. Eine solche offene Haltung ist nur in der Atmosphäre freier Diskussion in der Demokratie möglich.

Im Westen stimmen viele junge Leute Mourlan in Roger Martin du Gards „Les Thibaults" zu: „Zunächst einmal muß alles zusammengeschlagen werden. Unsere ganze verdammte Zivilisation muß weg, ehe wir eine anständige Welt aufbauen können". Popper hat gezeigt, daß die Politik der „tabula rasa" kaum die erwünschten Resultate bringen wird, weil die Zerstörung der Gesellschaftsstruktur auch die Institutionen und moralischen Werte – eben jene Anständigkeit – zerstören würde, auf der die neue, bessere Gesellschaft aufgebaut werden soll. Poppers Argumente haben sich in den katastrophalen Ergebnissen bewahrheitet, die eine praktische Anwendung solcher Politik durch Fanatiker in Kampuchea gezeitigt hat. Sie hat zur Tötung von zwei Millionen Menschen, zu Hungersnot, Seuchen und schließlich zur Invasion geführt.

Kein Krieg kann die Welt für den Kapitalismus oder den Kommunismus, für irgendeine militante Lehre oder Rasse sicher machen, denn die gegenseitige Zerstörungskraft der Großmächte hat sich grenzenlos erhöht. Eine einzige Atombombe kann mehrere Millionen ums Leben bringen, viele durch einen langsamen, qualvollen Tod. Bei einer Durchschnittswindstärke von 24 Kilometer pro Stunde würde sie außerdem 50 000 Quadratkilometer Land einen Monat lang so radioaktiv machen, daß es unbewohnbar ist; 3000 Quadratkilometer wären noch nach einem Jahr unbewohnbar. Das Bauen von Bunkern ist ein Volksbetrug, weil die Überlebenden nirgends hingehen könnten, wo es nicht tödlich radioaktiv wäre, und nichts zu essen oder trinken fänden, das nicht radioaktiv verseucht wäre [36]. Die Sowjetunion und die Vereinigten Staaten haben je mehr als 10 000 solcher Bomben und bauen ständig mehr, genug um ihre Bevölkerung und die ganz Europas auszurotten und das meiste Agrarland für lange Zeit unanbaubar zu machen. Chauvinisten in diesen beiden Ländern verschieben jetzt das Ziel ihrer strategischen Politik vom Abschrecken vor einem Kernwaffenkrieg zur Vorbereitung für einen „beschränkten", hauptsächlich mit sogenannten taktischen Kernwaffen geführten Krieg in Europa. Selbst ein solcher „beschränkter" Krieg würde aber genügen, die europäische Zivilisation zu vernichten, und würde außerdem nicht lange beschränkt bleiben, sondern in einen mit strategischen Kernwaffen geführten Krieg ausarten. Leute mit gesundem Menschenverstand sollten es sich zur Aufgabe machen, den Wahnsinn der Chauvinisten auf beiden Seiten bloßzustellen, um diese Katastrophe zu verhindern. Die jungen Leute, die gegen Kernkraftwerke demonstrieren, sollten lieber protestieren gegen die Physiker, die den Militärs im Namen des Fortschritts stets „verbesserte" Kernwaffen aufdrängen, gegen die Industrie, die sich um deren Erzeugung reißt, gegen die Strategen, die sich neue Ziele für die Waffen ausdenken, und gegen die Politiker, die glauben, damit ihre Macht zu steigern [37].

Ein Krieg würde alles zerstören, was wir über Jahrhunderte aufgebaut haben, ohne daß wir bestimmen können, was – wenn überhaupt etwas – aus seiner Asche emporsteigt. Wir müssen uns für die Anwendung der Wissenschaft auf den Frieden und für eine gerechtere Verteilung ihres Segens unter die Menschheit einsetzen.

Schrifttum

[1] Iris Origo: The Merchant of Prato. Penguin Books. Harmondsworth, Middlesex 1963.
[2] P. A. Beaumarchais: Die Figaro Trilogie. Insel-Verlag, Frankfurt/M. 1976.
[3] H. R. Trevor-Roper: Religion, The Reformation and Social Change, and other essays. MacMillan, London 1967.
[4] Jonathan Swift: Gullivers Reisen. Thienemanns-Verlag. Stuttgart 1979.
[5] 7th Report of the Royal Commission for Environmental Pollution, Agriculture and the Environment. Her Majesty's Stationery Office, Cmd. No. 7644, 1980.
[6] M. S. Swaminathan, V. Nagarajan. Indian Journal of Nutrition Science 16, 83 (1979).
[7] M. S. Swaminathan, in: Proceedings of a Seminar on Science and its Impact on Society. Indian National Science Academy 1978.
[8] M. S. Swaminathan: Global Aspects of Food Production. World Climate Conference, World Meterological Organisation, Geneva 1979.
[9] M. W. Service: Control of Malaria, in: Ecological Effects of Pesticides. Eds. F. K. Perring, K. Mellanby. Academic Press. New York 1977.
[10] K. Mellanby: The Biology of Pollution. 2nd Edition, Edward Arnold, London 1980.
[11] N. W. Moore: Future Prospects for Wildlife. In [9].
[12] David and Marcia Pimentel: Food, Energy and Society. Resources and Environmental Sciences Series. Edward Arnold. London 1979.
[13] John Cairns: Cancer, Science and Society. W. H. Freeman & Co. San Francisco 1978.
[14] M. F. Steward: Public policy and innovation in the drug industry. In: Proceedings of Section 10 (general) of the British Association for the Advancement of Science 139th Annual Meeting, 1977. Ed. Sir Douglas Black, G. P. Thomas. Publ. Croom Helm. London 1980.
[15] H. G. Grabowski, J. M. Vernon, L. G. Thomas: Estimating the Effect of Regulation on Innovation: an International Comparative Analysis of the Drug Industry. J. Law & Economics **21**, 133 (1978).
[16] Arzneimittelforschung in Deutschland. Pharma, Bundesverband der Pharmazeutischen Industrie, Karlstr. 21, 6000 Frankfurt/Main.
[17] V. Ramalingaswami: The People, More Technologies for Rural Health. Proc. Roy. Soc. London B **209**, 83 (1980).
[18] G. Biscontin, L. Cattalini: Venice Regained. Chemistry in Britain **16**, 360 (1980).
[19] Health and Safety Statistics 1977, Her Majesty's Stationery Office, ISBBN No. 011883263X 1981.

[20] H. W. Lewis: The Safety of Fission Reactors. Scientific American **242**, No. 3, 33 (1980).
[21] A. Cottrell: How Safe is Nuclear Energy? Heinemann. London 1981.
[22] 6th Report of the Royal Commission for Environmental Pollution, Nuclear Power and the Environment. Her Majesty's Stationery Office. Cmd. No. 6618 1976.
[23] H. M. Agnew: Gas-cooled Nuclear Power Reactors. Scientific American **244**, No. 6, 43 (1981).
[24] G. T. Seaborg, J. L. Bloom: Fast Breeder Reactors. Scientific American **223**, No. 5, 13 (1970).
[25] W. Marshall: A Policy for Plutonium. New Scientist **85**, 730, 955 (1980).
[26] N. J. D. Lucas: Energy in France. Europa Publications Ltd. London 1980.
[27] P. Kapitsa: Physics and the Energy Problem. New Scientist **72,** 10 (1976).
[28] W. C. Gough, B. J. Eastlund: The Prospects of Fusion Power. Scientific American **224,** No. 2, 50 (1971).
[29] G. Yonas: Fusion Power with Particle Beams. Scientific American **239**, No. 5, 40 (1978).
[30] P. Kapitsa: Energy, the Fusion Solution. New Scientist **72,** 83 (1976).
[31] M. Ryle: The Energy Problem. Resurgence No. 80, S. 6, May/June 1980.
[32] M. Spencer: Nuclear Energy, the Real Cost. The Ecologist Magazine, London 1982.
[33] L. R. Brown: World Population Growth, Soil Erosion, and Food Security. Science **214**, 995 (1981).
[34] C. Djerassi: The Politics of Contraception. W. W. Norton & Co. New York 1979.
[35] K. Popper: Die Offene Gesellschaft. Deutsches Taschenbuch, Francke. Bern und München 1958.
[36] S. A. Fetter, K. Tsipis: Catastrophic Releases of Radio-activity. Scientific American **244**, No. 4, 33 (1981).
[37] S. Zuckerman: Nuclear Illusion and Reality. Collins. London 1982.
[38] A. M. Anderson: The Great Japanese IQ Increase. Nature (London) **297**, 181 (1982).
[39] D. R. Gwadkin, S. K. Brandel: Life Expectancy and Population Growth in the Third World. Scientific American **246**, No. 5,33 (1982).
[40] R. P. Sheldon: Phosphate Rock. Scientific American **246**, No. 6,31 (1982).
[41] D. C. Wilson: Lessons from Seveso. Chemistry in Britain **18,** 499 (1982). Ein technischer und unsensationeller Bericht über die Ursachen des Unfalls und seine Folgen.
[42] D. Weir, M. Schapiro: Circle of Poison. Institute for Food and Development Policy, 2588 Mission Street, San Francisco, CA 94100.

Sachverzeichnis